全国建设行业职业教育任务引领型规划教材

工程定额与计价方法

（工程造价专业适用）

主编 苏铁岳 董学军
主审 袁建新 朱晓明

中国建筑工业出版社

图书在版编目（CIP）数据

工程定额与计价方法/苏铁岳，董学军主编. —北京：中国建筑工业出版社，2010.7
（全国建设行业职业教育任务引领型规划教材. 工程造价专业适用）
ISBN 978-7-112-12226-4

Ⅰ.①工… Ⅱ.①苏…②董… Ⅲ.①建筑经济定额②建筑造价管理 Ⅳ.①TU723.3

中国版本图书馆CIP数据核字（2010）第125250号

全书共分为工程定额和计价方法两部分，其中工程定额包括任务1定额的基本理论、任务2定额的使用、项目实训1单位工程预算表填制；计价方法部分分为任务3建筑工程计价基本理论、任务4建筑工程定额模式下的计价方法、项目实训2定额模式下单位工程预算书的编制实例、任务5工程量清单模式下的计价方法、项目实训3投标报价的编制。

本书可作为职业院校工程造价专业的教材，也可供从事工程造价工作的相关技术人员学习使用。

* * *

责任编辑：张　晶　朱首明
责任设计：赵明霞
责任校对：姜小莲　刘　钰

全国建设行业职业教育任务引领型规划教材

工程定额与计价方法
（工程造价专业适用）

主编　苏铁岳　董学军
主审　袁建新　朱晓明

*

中国建筑工业出版社出版、发行（北京西郊百万庄）
各地新华书店、建筑书店经销
北京红光制版公司制版
北京市密东印刷有限公司印刷

*

开本：787×1092毫米　1/16　印张：8　字数：200千字
2010年9月第一版　2012年10月第二次印刷
定价：18.00元
ISBN 978-7-112-12226-4
（19485）

版权所有　翻印必究
如有印装质量问题，可寄本社退换
（邮政编码100037）

教材编审委员会名单

主　任：温小明

副主任：张怡朋　游建宁

秘　书：何汉强

委　员：（按姓氏笔画排序）

　　　　　王立霞　刘　力　刘　胜　刘景辉

　　　　　苏铁岳　邵怀宇　张　鸣　张翠菊

　　　　　周建华　黄晨光　彭后生

序　言

根据国务院《关于大力发展职业教育的决定》精神，结合职业教育形势的发展变化，2006年底，建设部第四届建筑与房地产经济专业指导委员会在工程造价、房地产经营与管理、物业管理三个专业中开始新一轮的整体教学改革。

本次整体教学改革从职业教育"技能型、应用型"人才培养目标出发，调整了专业培养目标和专业岗位群；以岗位职业工作分析为基础，以综合职业能力培养为引领，构建了由"职业素养"、"职业基础"、"职业工作"、"职业实践"和"职业拓展"五个模块构成的培养方案，开发出具有职教特色的专业课程。

专业指导委员会组织了相关委员学校的教研力量，根据调整后的专业培养目标定位对上述三个专业传统的教学内容进行了重新的审视，删减了部分理论性过强的教学内容，补充了大量的工作过程知识，把教学内容以"工作过程"为主线进行整合、重组，开发出一批"任务型"的教学项目，制定了课程标准，并通过主编工作会议，确定了教材编写大纲。

"任务引领型"教材与职业工作紧密结合，体现职业教育"工作过程系统化"课程的基本特征和"学习的内容是工作，在工作中实现学习"的教学内容、教学模式改革的基本思路，符合"技能型、应用型"人才培养规律和职业教育特点，适应目前职业院校学生的学习基础，值得向有关职业院校推荐使用。

建设部第四届建筑与房地产经济专业指导委员会

前　言

本书在编写模式上打破了学科体系的编写思路，采用任务引领型的编写模式，即以工作任务为引导，根据完成工作任务的步骤组织教材内容。内容体现实用性，以够用、实用为目标，用同一套实际工程的预算书和清单报价书作为载体，通过具体的工作任务来学习相关理论知识。通过学习使学生能够正确使用各种定额；熟练进行定额模式下和清单模式下的计价。

全书共分为工程定额和计价方法两部分，其中工程定额包括任务 1 定额的基本理论、任务 2 定额的使用、项目实训 1 单位工程预算表填制；计价方法部分分为任务 3 建筑工程计价基本理论、任务 4 建筑工程定额模式下的计价方法、项目实训 2 定额模式下单位工程预算书的编制实例、任务 5 工程量清单模式下的计价方法、项目实训 3 投标报价的编制。

本教材由河北城乡建设学校苏铁岳校长、董学军老师担任主编；河北城乡建设学校贾奎娟、宋华老师担任副主编。项目实训 1、项目实训 2、项目实训 3 由苏铁岳编写；任务 1、任务 2 由河北城乡建设学校宋华老师编写；任务 3、任务 4 由河北城乡建设学校贾奎娟老师编写；任务 5 由河北城乡建设学校董学军老师编写；河北城乡建设学校高晓璇老师负责本书的排版和校稿。四川建筑职业技术学院袁建新教授主审；唐山市造价管理站高级工程师朱晓明主审。

本书在编写模式上是一种尝试，加之水平有限，书中错漏之处，恳请广大读者予以批评指正。

任务1 定额的基本理论 ... 1
过程1.1 定额及其分类 ... 1
1.1.1 定额的概念 ... 1
1.1.2 定额的起源与发展 ... 1
1.1.3 定额的分类 ... 3
过程1.2 施工定额 ... 7
1.2.1 施工定额的概念 ... 7
1.2.2 施工定额的组成 ... 7
1.2.3 施工定额的作用 ... 14
过程1.3 预算定额 ... 15
1.3.1 预算定额的概念 ... 15
1.3.2 预算定额的组成 ... 16
1.3.3 预算定额的作用 ... 20
过程1.4 概算定额及概算指标 ... 21
1.4.1 概算定额及概算指标的概念 ... 21
1.4.2 概算定额及概算指标的组成 ... 23
1.4.3 概算定额及概算指标的作用 ... 24
复习思考题 ... 24

任务2　定额的使用 ····· 25
过程2.1　施工定额的使用 ····· 25
2.1.1　施工定额的适用范围 ····· 25
2.1.2　施工定额的应用 ····· 25
过程2.2　预算定额的应用 ····· 28
2.2.1　预算定额的适用范围 ····· 28
2.2.2　预算定额的应用 ····· 28
过程2.3　概算定额及概算指标的应用 ····· 37
2.3.1　概算定额及概算指标的适用范围 ····· 37
2.3.2　概算定额及概算指标的应用 ····· 37
复习思考题 ····· 38
项目实训1　单位工程预算表填制 ····· 38

任务3　建筑工程计价基本理论 ····· 45
过程3.1　建筑工程造价概述 ····· 45
3.1.1　工程建设 ····· 45
3.1.2　建筑工程造价的概念 ····· 47
3.1.3　建筑工程计价的特点 ····· 47
3.1.4　建筑工程造价的分类 ····· 48
3.1.5　建筑工程造价计价方法 ····· 49
过程3.2　建筑工程造价组成 ····· 51
3.2.1　直接费 ····· 52
3.2.2　间接费 ····· 54
3.2.3　利润 ····· 55
3.2.4　税金 ····· 55
过程3.3　建筑工程费用的计取 ····· 55
3.3.1　定额模式下建筑工程费用的计取 ····· 55
3.3.2　清单模式下建筑工程费用的计取 ····· 59
复习思考题 ····· 61

任务4　建筑工程定额模式下的计价方法 ····· 62
过程4.1　直接费计取 ····· 62
4.1.1　直接工程费计取 ····· 62
4.1.2　措施费计取 ····· 65
过程4.2　间接费计取 ····· 70
过程4.3　其他费用计取 ····· 71
4.3.1　利润计取 ····· 71

  4.3.2 税金计取 ………………………………………………………… 71
过程4.4 工程造价的确定 ……………………………………………………… 72
复习思考题 ………………………………………………………………………… 72
项目实训2 定额模式下单位工程预算书的编制实例 …………………………… 73

任务5 工程量清单模式下的计价方法 …………………………………… 84

过程5.1 清单模式下综合单价 …………………………………………………… 85
  5.1.1 清单综合单价的概念 …………………………………………… 85
  5.1.2 清单综合单价的组成 …………………………………………… 85
  5.1.3 清单综合单价的编制 …………………………………………… 85
过程5.2 工程量清单计价 ………………………………………………………… 96
  5.2.1 分部分项工程量清单计价 ……………………………………… 96
  5.2.2 分部分项工程量清单与计价表的填写 ………………………… 97
  5.2.3 措施项目清单计价 ……………………………………………… 98
  5.2.4 其他项目清单计价 ……………………………………………… 102
  5.2.5 规费、税金的计取 ……………………………………………… 103
  5.2.6 工程造价 ………………………………………………………… 104
复习思考题 ………………………………………………………………………… 105
项目实训3 投标报价的编制 …………………………………………………… 106

参考文献 ……………………………………………………………………… 119

任务 1
定额的基本理论

过程 1.1　定额及其分类

1.1.1　定额的概念

在社会生产中，为了生产某一合格产品或完成某一工作成果，需要消耗一定的人力、物力或资金。从个体生产工作过程来分析，由于受生产条件影响程度不同，其消耗数量也各不相同。但从总体的生产工作过程来考察，则可规定出社会平均必需的消耗数量标准，这种标准就称为定额。所以，简单地说，定额就是规定的额度或限额。

定额水平反映了在一定社会生产力水平条件下，施工企业的生产力水平和经营管理水平。

1.1.2　定额的起源与发展

1. 定额的起源

定额起源于资本主义社会。19世纪末，在资本主义企业管理科学的发展初期，定额形成企业管理的一门科学。当时，美国资本主义发展正处于上升时期，工业发展速度很快，但是企业管理仍然采用传统的凭经验管理的方法，许多工厂的生产能力得不到充分的发挥。在这种背景下，美国工程师泰勒开始了企业管理的研究，他不仅把对工作时间的研究放在十分重要的地位上，而且还着重从工人的操作上研究工时的科学利用。他十分重视研究工人的操作方法，对工人在劳动中的机械动作，逐一地分析其合理性，以便消除那些多余的无效动作，制定出最能节约工作时间的操作方法。为了减少工时消耗，泰勒研究改进生产工具与设备，并提出一整套科学管理的方法，制定科学的工时定额，采取有差别的计件工资，实行标准的操作方法，强化和协调职能管理。这就是著名的"泰勒制"。"泰勒制"给资本主义企业管理带来了根本性变革，对提高劳动效率作出了显著的贡献。

继泰勒之后，资本主义企业管理又有许多新的发展，20世纪40年代到60年代出现的所谓资本主义管理科学，实际是泰勒制的继续和发展。一方面管理科学从操作方法、作业水平的研究向科学组织的研究上扩展；另一方面它利用了现代自然科学和技术科学的新成果，将运筹学、系统工程、电子计算机等科学技术手段应用于科学管理之中。70年代产生的系统理论，把管理科学和行为科学结合起来，从事物的整体出发进行研究。它通过对企业中的人、物和环境等要素进行系统全面的分析研究，以实现管理的最优化，达到最佳的经济效益。

2. 定额的发展

虽然国际上认为是由美国工程师泰勒最早提出的定额制度，但实际上我国在很早以前就存在着定额的制度，只不过未明确定额的形式而已。在我国古代工程中，一直都很重视工料消耗的计算，并形成了许多则例。这些则例可以看做工料定额的原始形态。我国在北宋时期就由李诫编写了《营造法式》，清朝时工部编写了整套的《工程做法则例》。这些著作对工程的工料消耗量作了较为详细的描述，可以认为是我国定额的前身。由于消耗量具有较为稳定的性质，因此，这些著作中的很多消耗量标准在现今的仿古建筑及园林定额中仍具有重要的参考价值，这些著作也仍然是仿古建筑及园林定额的重要编制依据。

新中国成立后，国家十分重视建筑工程定额的制定和管理。建筑工程定额从无到有，从不健全到逐步健全，经历了分散—集中—分散—集中、统一领导与分散管理相结合的发展历程。

新中国成立后，第一个五年计划（1953～1957年）时期我国开始兴起了大规模经济建设的高潮。国家颁布的典型文件有：1954年《建筑工程设计预算定额》、《民用建筑设计和预算编制暂行办法》、《工业与民用建筑预算细则》、《建筑工程预算定额》（其中规定按成本的2.5%作为法定利润）。1955年由原劳动部和原建筑工程部联合编制的建筑业全国统一的劳动定额，共有定额项目4964个。到1956年增加到8998个，其中定额水平比1955年提高了5.2%。

1958年到"文化大革命"时期，由于受到"左倾"思想的影响，撤销了一切定额机构，直到1962年，原建筑工程部正式颁发了《全国建筑安装工程统一劳动定额》，开始逐步恢复定额制度。但1966年"文革"开始后，概预算定额管理遭到严重破坏。概预算和定额管理机构被撤销，预算人员改行，大量基础资料被销毁，定额被说成是"管、卡、压"的工具。"设计无概算，施工无预算，竣工无结算"的状况成为普遍现象。1967年，原建筑工程部直属企业实行经常费制度。工程完工后向建设单位实报实销，从而使施工企业变成了行政事业单位。这一制度实行了 6 年，于 1973 年 1 月 1 日被迫停止，恢复建设单位与施工单位施工图预算结算制度。

1977 年，国家恢复重建造价管理机构。1978 年，原国家计委、原国家建委和财政部颁发《关于加强基本建设概、预、决算管理工作的几项规定》，强调了加强"三算"在基本建设管理中的作用和意义。1988 年，原建设部成立标准定额司，各省市、各部委建立了定额管理站，全国颁布了一系列推动概预算管理和定额管理发展的文件，以及大量的预算定额、概算定额、估算指标。1995 年，建设部又颁发了《全国统一建筑工程基础定额》。该基础定额是指以保证工程质量为前提，完成按规定计量单位计量的分项工程的基本消耗量标准。在该基础定额中，按照"量、价分离，工程实体性消耗和措施性消耗分离"的原则来确定定额的表现形式。

1.1.3 定额的分类

建筑工程定额的种类很多，可以按照定额的内容、用途、适用范围、管理权限等进行科学分类。

1. 按生产要素分类

（1）劳动消耗定额

劳动消耗定额，也称劳动定额，是指在合理的劳动组织条件下，工人以社会平均熟练程度和劳动强度在单位时间内生产合格产品的数量。劳动定额表现形式是时间定额、产量定额。为了便于综合和核算，劳动定额大多采用工作时间消耗量来计算劳动消耗的数量即时间定额来计算。时间定额一般以工日为计量单位，即工日/m^3、工日/m^2、工日/t 等。每个工日工作时间，法定为 8h。产量定额在数值上与时间定额互为倒数关系，产量定额计量单位为 m^3/工日、m^2/工日、t/工日等。

（2）材料消耗定额

材料消耗定额，简称材料定额。是指在正常施工、合理使用材料条件下，生产单位或完成一定合格产品所必须消耗的原材料、半成品及构配件的数量标准。

所谓材料，是工程建设中使用的原材料、成品、半成品、构配件、燃料以及水、电等资源的统称。材料作为劳动对象，构成工程的实体，需用数量很大，种类繁多。所以材料消耗量多少，消耗是否合理，不仅关系到资源的有效利用，影响市场供求状况，而且对建设工程的项目投资、建筑产品的成本控制都产生着决定性影响。

（3）机械消耗定额

机械消耗定额，简称机械定额。我国机械消耗定额是以 1 台机械 1 个工作班为计量单位，所以又称为机械台班定额。机械消耗定额是指为完成一定合格产品（工程实体或劳务）所规定的施工机械消耗的数量标准。机械消耗定额用时间定额、产量定额表现。

2. 按定额的编制程序和用途分类

（1）施工定额

施工定额是以工序作为研究对象，表示某一施工过程中的人工、主要材料和机械消耗量的定额。施工定额也是施工企业（建筑安装企业）为组织生产和加强管理，在企业内部使用的一种定额，属于企业生产定额的性质。它由劳动定额、机械定额和材料定额三个相对独立的部分组成，为了适应组织生产和管理的需要，施工定额的项目划分很细，是工程建设定额中分项最细、定额子目最多的一种定额，也是工程建设定额中的基础性定额，是编制预算定额的基础。

（2）预算定额

预算定额是在编制施工图预算时，计算工程造价和工程中劳动、机械台班、材料需要量所使用的定额。预算定额是以建筑物或构筑物各个分部分项工程为对象编制的一种计价性定额，在工程建设定额中占有很重要的地位。预算定额是概算定额的编制基础。

（3）概算定额

概算定额是编制扩大初步设计概算时，计算和确定工程概算造价、劳动、机械台班、材料需要量所使用的定额。它的项目划分粗细与扩大初步设计的深度相适应。它一般是预算定额的综合扩大，同时也是编制概算指标的基础。

（4）概算指标

概算指标是在初步设计阶段，计算和确定工程的初步设计概算造价，计算劳动、机械台班、材料需要量时所采用的一种定额，是一种计价定额。一般是在概算定额和预算定额的基础上编制的，是概算定额的扩大与综合，也是编制投资估算指标的基础。

（5）投资估算指标

投资估算指标是在项目建议书和可行性研究阶段编制投资估算、计算投资需要量时使用的一种定额。它是一种计价定额，但非常概略，往往以独立的单项工程或完整的工程项目为计算对象。它的概略程度与可行性研究阶段相适应。投资估算指标往往根据历史的预、决算资料和价格变动等资料编制，但其编制基础仍然离不开预算定额、概算定额。

3. 按照投资的费用性质分类

按照投资的费用性质，可以把工程建设定额分为建筑工程定额、设备安装工程定额、建筑安装工程费用定额、工器具定额及工程建设其他费用定额等。

（1）建筑工程定额

建筑工程定额是建筑工程中施工定额、预算定额、概算定额和概算指标的统称。建筑工程，一般理解为房屋和构筑物工程。具体包括一般土建工程、电气工程（动力、照明、弱电）、卫生技术工程（水、暖、通风）、工业管道工程、特殊构筑物工程等。广义上它也被理解为除房屋和构筑物外还包括其他各类工程，如道路、铁路、桥梁、隧道、运河、堤坝、港口、电站、机场等工程。在我国统计年鉴中，对于固定资产投资构成的划分，就是根据这种理解设计的。广义的建筑工程概念几乎等同了土木工程的概念,从这一概念出发,建筑工程在整个工程建设中占有非常重要的地位。根据统计资料,在我国固定资产投资中,建筑工程和安装工程的投资占60%左右。因此,建筑工程定额在整个工程建设定额中是一种非常重要的定额,在定额管理中占有突出的地位。

(2) 设备安装工程定额

设备安装工程定额是安装工程中施工定额、预算定额、概算定额和概算指标的统称。设备安装是对需要安装的设备进行定位、组合、校正、调试等工作的工程。在工业项目中,机械设备安装和电气设备安装工程占有重要地位。设备安装工程定额和建筑工程定额是两种不同类型的定额。一般都要分别编制,各自独立。但是设备安装工程和建筑工程是单项工程的两个有机组成部分,在施工中有时间连续性,也有作业的搭接和交叉,需要统一安排,互相协调。在这个意义上,通常把建筑和安装工程作为一个施工过程来看待,即建筑安装工程。所以,在通用定额中有时把建筑工程定额和安装工程定额合二为一,称为建筑安装工程定额。

(3) 建筑安装工程费用定额

建筑安装工程费用定额一般包括措施费费用定额和间接费定额,是计算措施费用和间接费用的依据。

措施费费用定额是指为完成工程项目施工,发生于该工程施工前和施工过程中非工程实体项目的费用。

间接费定额是指为维持企业的经营管理活动所必须发生的各项费用开支的标准。通过间接费定额管理,有效地控制了间接费的不合理发生。

(4) 工、器具定额

工、器具定额是为新、扩建项目投产运转首次配置的工、器具数量标准。工具和器具,是指按照有关规定不够固定资产标准的劳动用工具、器具和生产用家具。

(5) 工程建设其他费用定额

工程建设其他费用定额是独立于建筑安装工程、设备和工器具购置之外的其他费用开支的标准。工程建设的其他费用的发生和整个项目的建设密切相关。它一般要占项目总投资的10%左右,其他费用定额是按各项独立费用分别制定的,以便合理控制这些费用的开支。

4. 按照编制单位和管理权限分类

工程建设定额可以分为全国统一定额、行业统一定额、地区统一定额、企业定额、补充定额五种。

(1) 全国统一定额

全国统一定额是由国家建设行政主管部门,综合全国工程建设中技术和施工组织管理的情况编制,并在全国范围内执行的定额。

(2) 行业统一定额

行业统一定额是考虑各行业部门专业工程技术特点以及施工生产和管理水平来编制的,一般只在本行业和相同专业性质的范围内使用。

(3) 地区统一定额

地区统一定额包括省、自治区、直辖市定额。地区统一定额主要是考虑地区性特点，对全国统一定额水平作适当调整和补充编制的定额。

(4) 企业定额

企业定额是指在企业内部使用，由施工企业考虑本企业具体情况，参照国家、行业或地区定额的水平制定的定额，是企业管理水平的一个标志。企业定额水平一般高于国家现行定额。

(5) 补充定额

"定额"是一本书，一旦出版就固定下来，不易更改。而社会还在不断发展变化，一些新技术、新工艺和新方法还在不断涌现，为了新技术、新工艺和新方法的出现就再版定额是不现实的，那么这些新技术、新工艺和新方法又如何计价呢？这就需要做补充定额，以文件或小册子的形式发布，补充定额具有与正式定额同样的效力。补充定额是指在现行定额不能满足需要的情况下，为了补充该缺陷所编制的定额。补充定额只能在规定的范围内使用，但可以作为以后修订定额的依据。

建筑安装工程定额的分类方法，如图1-1所示。

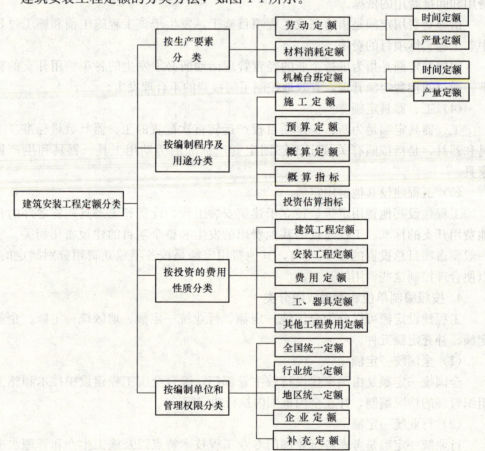

图1-1 建筑安装工程定额分类框图

过程 1.2　施工定额

施工定额是施工企业进行基础管理工作的主要依据,根据施工定额编制的"施工预算"是项目经理部在施工现场组织施工、进行生产管理、签发班组任务单、实行限额领料、进行工程成本核算的依据。施工定额也是编制建筑工程预算(消耗量)定额的基本依据。

1.2.1　施工定额的概念

施工定额是直接用于建筑工程施工企业内部施工管理的一种定额,它是在正常的施工条件下,完成一定计量单位的某施工过程所需人工、材料和机械台班消耗的数量标准。所谓正常施工条件是指施工过程符合生产工艺、施工规范和操作规程的要求,并且满足施工条件完善、劳动组织合理、机械运转正常、材料供应及时等条件要求。所谓施工过程是指在施工工地上对建筑工程项目所进行的生产过程。它是由若干施工工序组成的综合实体,在定额中一般都以其完成的产品实体加以命名。数量标准是指施工定额由人工消耗定额(劳动定额)、材料消耗定额和机械台班定额三项定额内容组成。

施工定额反映企业的施工生产与生产消费之间的数量关系,是施工企业生产力水平的体现。因此,施工定额应该是一种企业定额。企业的技术和管理水平不同,其施工定额的定额水平也应该不同。目前,大部分施工企业由于缺乏企业定额,是以国家或行业制定的预算定额或消耗定额作为施工管理的依据。随着《建筑工程施工发包与承包计价管理办法》(中华人民共和国建设部令107号)和《建设工程工程量清单计价规范》的推行,企业的投标报价应当根据企业施工定额和市场价格信息,并按照国务院和省、自治区、直辖市人民政府建设行政主管部门发布的工程造价计价办法进行编制,企业定额的应用也势在必行。

施工定额的编制水平是社会平均先进水平。所谓社会平均先进水平,就是指在正常的施工条件下,大多数施工企业和生产者经过努力能够达到和超过的水平。这种水平是一种可以鼓励先进、勉励中间、鞭策落后的定额水平,能使先进者感到一定压力,使处于中间水平的工人感到定额水平可望可及,对于落后工人不迁就,使他们认识到必须花大力气去改善施工条件,提高技术操作水平,珍惜劳动时间,节约材料消耗,尽快达到定额的水平。所以说,平均先进水平是编制施工定额的理想水平。

1.2.2　施工定额的组成

施工定额的编制水平是按照大多数施工班组都能完成或实现而确定的,因此采用"平均先进水平"的编制原则。只有具有该水平的定额才能促进企业生产力水平的提高。施工定额由劳动定额、材料消耗定额和机械台班定额三项定额内容组成。

1. 劳动定额

（1）劳动定额的概念

劳动定额是在正常的施工技术组织条件下，完成单位合格产品所必需的劳动消耗量的标准。这个标准是国家和企业对工人在单位时间内完成产品的数量和质量的综合要求。

在施工定额、预算定额、概算定额、概算指标等多种定额中，劳动定额都是其中重要的组成部分。

（2）劳动定额的表现形式

劳动定额的表现形式分为时间定额和产量定额两种，这两种表现形式互为倒数关系。

1）时间定额

时间定额也称工时定额，是指参加施工的工人在正常生产技术组织条件下，采用科学合理的施工方法，生产单位合格产品所必须消耗的时间的数量标准。数量标准中包括准备时间、作业时间、结束时间（也包括个人生理需要时间）。1名工人正常工作 8h 为 1 工日。

时间定额的表现形式为：

$$时间定额 = \frac{1}{每工日产量}$$

或

$$时间定额 = \frac{班组成员工日数总和}{班组每工日总产量}$$

时间定额的常用单位有工日/m^3、工日/m^2、工日/m、工日/t 等。

2）产量定额

产量定额是指参加施工的工人在正常生产技术组织条件下，采用科学合理的施工方法，在单位时间内生产合格产品的数量标准。

产量定额的表现形式为：

$$产量定额 = \frac{1}{单位产品时间定额}$$

或

$$产量定额 = \frac{班组成员工日数总和}{单位产品时间定额}$$

产量定额的常用单位是 m^3/工日、m^2/工日、m/工日、t/工日等。

（3）劳动定额的编制方法

劳动定额的编制方法一般有：经验估计法、统计分析法、技术测定法和比较类推法。

1) 经验估计法

经验估计法是由定额人员、工程技术人员和工人三结合，根据个人或集体的实践经验，经过图纸分析和现场观察，了解施工工艺，分析施工（生产）的生产技术组织条件和操作方法的繁简难易等情况，进行座谈讨论，从而制定定额的方法。

这种方法的优点是方法简单，简便易行，工作量小，速度快。其缺点是精确度差，容易受参加制定定额人员的主观因素和局限性的影响，使制定的定额出现偏高或偏低的现象。因此，经验估计法只适用于企业内部，测定产品批量小、精确度要求不高的定额数据。

根据下述经验公式确定要编制的劳动定额数据值：

$$D = \frac{a + 4m + b}{6}$$

式中　　a——最先进的值；

　　　　m——最大可能的值；

　　　　b——最保守的值。

2) 统计分析法

统计分析法是指根据过去已有的施工中的同类工程或同类产品工序的工时消耗的统计资料，与当前生产技术组织条件的变化因素结合起来进行分析研究，经过整理加工得到新产品工序定额数据的方法。

统计分析法的优点是简便易行，数据准确可靠。缺点是由于统计分析资料反映的是工人过去已经达到的水平，在统计时没有也不可能提出施工中不合理的因素，因而这个水平一般偏于保守，与当前的实际情况仍有差距，只适用于产品稳定、统计资料完整的施工工序定额数据测定。

3) 技术测定法（工时测定法）

技术测定法是根据先进合理的生产施工技术和操作工艺，合理的劳动组织和正常的生产施工条件，对施工过程中的具体活动采用现场秒表实地观测记录，详细记录施工过程中的工人和机械的工作时间消耗、完成产品的数量及有关影响因素，并对记录进行整理、分析、研究，确定产品或工序定额数据的方法。

技术测定法的优点是有较高的准确性和科学性，是编制新定额和典型定额采用的主要方法。

4) 比较类推法

比较类推法又叫典型定额法，是指首先选择有代表性的典型项目，用技术测定法编制出时间消耗定额，然后根据测定的时间消耗定额用比较类推的方法编制出其他相同类型或相似类型项目时间消耗定额的一种方法。

比较类推法的优点是简便易行，工作量小，有一定的准确性，只要典型定额的选择恰当、切合实际、具有代表性，类推出的定额一般比较合理。缺点是使用面小，使用范围受到限制。这种方法只适用于同类产品规格较多、批量较少的产品或工序定额数据测定。随着施工机械化、标准化、装配化程度不断提高，这种方法的使用范围还会逐渐扩大。为了提高定额水平的精确度，通常采用主要项目作为典型定额来类推。采用这种方法时，要特别注意掌握工序、产品的施工工艺和劳动组织类似或近似的特征，细致地分析施工过程中的各种影响因素，防止将因素变化很大的项目作为典型定额来进行比较类推。

(4) 劳动定额的应用

利用劳动定额的时间定额可以计算出完成一定数量的建筑工程实物所需要的总工日数；利用劳动定额的产量定额可以计算出一定数量的劳动力资源所能完成的建筑工程实物的工程量。

【例 1-1】 某工程计划 5 月份完成一砖厚的混水墙砌筑任务 $1500m^3$，求所需要安排的劳动力的数量。

【解】 查《建设工程劳动定额建筑工程》LD/T 72.1～11—2008 中的砌筑工程定额项目表可得，一砖混水墙每立方米砌体的时间定额为 1.02 工日。设每月有效施工天数为 26d。

消耗的工日数：$1.02 \times 1500 = 1530$ 工日

需要安排的劳动力的数量：$1530 \div 26 = 59$ 人

2. 材料消耗定额

(1) 材料消耗定额的概念

材料消耗定额是指在一定生产技术组织条件下，在合理使用材料的原则下，生产单位合格产品所必须消耗的建筑材料（原材料、半成品、制品、预制品、燃料等）的数量标准。

在一般的工业与民用建筑中，材料费用占整个工程造价的 60%～70%，因此，能否降低成本在很大程度上取决于建筑材料的消耗量是否合理。

(2) 材料消耗定额的表现形式

根据材料消耗的情况，可将建筑材料分为实体性消耗材料和周转性消耗材料。材料可分为主要材料、辅助材料、周转性材料、零星材料。其中主要材料与辅助材料列出定额消耗量；周转性材料列出定额摊销量；用量小并占材料比重小的零星材料合并为其他材料，以材料费的百分比表示。

1) 实体性消耗材料

实体性消耗材料也称为非周转性材料，指在建筑工程施工中，一次性消耗并直接构成工程实体的材料。如水泥、钢筋、砂等。

其材料消耗定额包括直接用于建筑和安装工程上的材料、不可避免产生的施工废料和不可避免的材料施工操作损耗。其中直接用于建筑和安装工程上的材料消耗称为材料消耗净用量，不可避免的施工废料和材料施工操作损耗称为材料损耗量。

$$材料消耗量 = 材料净用量 + 材料损耗量$$

$$材料损耗率 = \frac{材料损耗量}{材料消耗量} \times 100\%$$

$$材料消耗量 = 材料净用量 \times (1 + 材料损耗率)$$

2)周转性消耗材料

建筑工程施工中除了耗用直接构成工程实体的各种材料（如成品、半成品）外，还需要耗用一些工具性的材料，如挡土板、模板、脚手架等。像这类在施工过程中不是一次消耗完，而是随着使用次数逐渐消耗的材料就叫周转性消耗材料。所以，周转性消耗材料就是指不能直接构成建筑安装工程的实体，但是为完成建筑安装工程合格产品所必需的工具性材料，在工程中常用的有模板、脚手架等。这些材料在施工中随着使用次数的增加而逐渐被耗用完，故称为周转性消耗材料。周转性消耗材料在定额中是按照多次使用、分次摊销的方法计算的。

周转性消耗材料消耗定额一般考虑下列四个因素：

① 第一次制造时的材料消耗（一次使用量）。
② 每周转使用一次材料的损耗（第二次使用时需要补充）。
③ 周转使用次数。
④ 周转材料的最终回收及其回收折价。

一次使用量是指周转性材料为完成产品每一次生产时所需用的材料数量。

周转次数是指新的周转材料从第一次使用（假定不补充新料）起，到材料不能再使用时的使用次数。影响周转性材料周转次数的主要因素有：

① 材料的坚固程度、材料的形式和材料的使用寿命。一般木模板的周转次数都在6次或6次以下，定型的比非定型的周转次数多，有的甚至大几倍；工具式的比非工具式的周转次数多。
② 服务的工程结构、规格、形状等也影响周转材料的周转次数。
③ 使用条件的好坏，特别是操作技术对周转材料的周转使用次数也有较大影响。
④ 对周转材料的管理、保管和维修也同样关系到它的使用寿命。对周转材料管理不到位、保管方法不当及维修护理的不及时，都能降低该材料的使用寿命，从而加大工程成本的投入。

例如，现浇混凝土结构中周转使用的模板摊销量的计算如下：

一次使用量 = 每计量单位构件的模板接触面积 × 每平方米接触面积需模板量

$$损耗量 = \frac{一次使用量 \times (周转次数 - 1) \times 损耗率}{周转次数}$$

$$损耗率 = \frac{平均每次损耗量}{一次使用量}$$

$$摊销量 = 周转使用量 - 回收量$$

$$周转使用量 = \frac{一次使用量 + 一次使用量 \times (周转次数 - 1) \times 损耗率}{周转次数}$$

$$回收量 = \frac{一次使用量 - (一次使用量 \times 损耗率)}{周转次数}$$

再如,预制钢筋混凝土构件模板虽然也是多次使用,反复周转,但与现浇构件计算方法不同。预制钢筋混凝土构件采用多次使用平均摊销的计算方法,不计算每次周转损耗率,只需要确定其周转次数,按图纸计算出模板一次使用量后,摊销量就等于模板一次使用量除以确定的模板周转次数。

(3) 材料消耗定额的编制方法

材料消耗定额的编制方法有观测法、统计法、试验法和理论计算法。

1) 观测法

观测法又称现场测定法,它是指在施工现场按一定程序对完成合格产品的材料实际消耗情况进行观测,通过分析、整理并计算材料消耗量的方法。

采用现场观测法主要适用于确定材料损耗定额,也可以提供编制材料净用量定额的数据。其优点是能通过现场观察、测定,取得产品的产量和材料消耗的情况,为编制材料定额提供技术根据。采用观测法,首先应选择典型的工程项目,观测中要区分不可避免的材料损耗和可以避免的材料损耗,可以避免的材料损耗不应计入定额损耗量内。必须经过科学的分析研究后,确定确切的材料消耗标准,才能列入定额的统计。

2) 统计法

统计法是指通过对单位工程、分部工程、分项工程实际领用的材料量和剩余材料量及完成产品的数量,并对大量的统计资料进行分析计算,确定材料定额消耗量的方法。这种方法由于不能分清材料消耗的性质,因而不能作为确定材料净用量定额和材料损耗定额的依据,其一般在统计资料准确、施工条件变化不大的工程中使用。采用统计法必须保证统计与测算的耗用材料和其相应产品一致,在施工现场要注意统计资料的准确性和有效性。

3) 试验法

试验法又称实验室试验法,它是指通过实验室各种仪器的检测、试验,得到材料实际定额消耗量的方法。其一般适用于各种砂浆和混凝土等半成品的材料定额消耗量的测定。采用试验法,试验是在实验室内进行的,就不能取得在施工现场实际条件下各种客观因素对材料耗用量影响后的具体数据,所以此种方法主要是用于编制材料净用量定额。

4) 理论计算法

理论计算法是指根据施工图纸,运用各种理论计算公式计算定额材料消耗量的方法。其适用于计算各类定型产品的定额净用量,材料的损耗量还要在现场通过实测取得,是编制材料消耗定额的主要方法。

材料可分为主要材料、辅助材料、周转性材料、零星材料,其中主要材料与辅助材料列出定额消耗量;周转性材料列出定额摊销量;用量小并占材料比重小的零星材料合并为其他材料,以材料费的百分比表示。

以砖砌体材料消耗量的计算为例(图 1-2)。

每 $1m^3$ 标准砖砌体中标准砖的净用量(块) $= \dfrac{1}{墙厚 \times (砖长 + 灰缝) \times (砖厚 + 灰缝)} \times 墙厚的砖数 \times 2$

式中 标准砖尺寸及体积——长×宽×厚=0.24×0.115×0.053=0.0014628m³；
　　　墙厚——半砖墙为0.115m，一砖墙为0.24m，一砖半墙为0.365m；
　　　墙厚的砖数——半砖墙为0.5，一砖墙为1，一砖半墙为1.5；
　　　灰缝厚——0.01m。

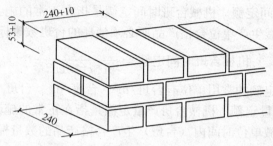

图1-2 砖砌体计算尺寸示意图

【例1-2】 计算1m³一砖厚灰砂砖墙的砖和砂浆的总消耗量，灰缝10mm厚，砖损耗率1.5%，砂浆损耗率1.2%。

【解】 （1）灰砂砖净用量

$$\frac{每1m^3 砖墙}{灰砂砖净用量} = \frac{1}{0.24\times(0.24+0.01)\times(0.053+0.01)}\times 1\times 2$$

$$= \frac{1}{0.00378}\times 2 = 529.1 块$$

（2）灰砂砖总消耗量

$$\frac{每1m^3 砖墙}{灰砂砖总消耗量} = \frac{净用量}{1-损耗率} = \frac{529.1}{1-1.5\%} = 537.16 块$$

（3）砂浆净用量

$$\frac{每1m^3 砌体}{砂浆净用量} = 1-砖净用量\times 0.24\times 0.115\times 0.053$$

$$= 1-529.1\times 0.24\times 0.115\times 0.053 = 0.226 m^3$$

（4）砂浆总消耗量

$$\frac{每1m^3 砌体}{砂浆总消耗量} = \frac{净用量}{1-损耗率} = \frac{0.226}{1-1.2\%} = 0.229 m^3$$

3. 机械台班定额

（1）机械台班定额的概念

机械台班定额是指施工现场的施工机械，在一定生产技术组织条件下，均衡合理使用机械时，规定机械单位时间内完成合格产品的数量标准或机械生产单位合格产品必须消耗的台班数量标准。1台机械正常工作8h为1台班。

同劳动消耗定额一样，在施工定额、预算定额、概算定额、概算指标等多种定额中，机械台班定额都是其中的组成部分。

（2）机械台班定额的表现形式

机械台班定额分为单人使用单台机械和机械配合班组作业两种消耗定额，也有时间定额和产量定额（台班产量）两种表现形式。

1）单人使用单台机械的机械台班定额

① 机械台班时间定额。机械台班时间定额是指在正常的施工条件和合理的劳动组织下，规定机械生产单位合格产品所必须消耗的台班数量标准。

$$机械台班时间定额 = \frac{1}{机械台班产量}$$

机械台班时间定额的常用单位有台班/m³、台班/m²、台班/m、台班/t 等。

② 机械台班产量定额。机械台班产量定额是指在正常的施工条件和合理的劳动组织下，规定机械单位时间内（台班）生产合格产品的数量标准。

$$机械台班产量定额 = \frac{1}{机械时间定额}$$

机械台班产量定额的常用单位有 m³/台班、m²/台班、m/台班、t/台班等。

③ 机械台班时间定额与机械台班产量定额的关系。机械台班时间定额与机械台班产量定额是互为倒数的关系，即：

$$机械台班产量定额 = \frac{1}{机械台班时间定额}$$

$$机械台班时间定额 = \frac{1}{机械台班产量定额}$$

2）机械和人工共同作业的消耗定额

$$人工时间定额 = \frac{班组总工日数}{机械台班产量定额}$$

$$机械台班产量定额 = \frac{班组总工日数}{人工时间定额}$$

3）机械台班定额的几种运算关系

$$班组总工日数 = 人工时间定额 \times 机械台班产量定额$$

$$人工时间定额 = \frac{班组总工日数}{机械台班产量定额}$$

$$机械台班时间定额 = \frac{1}{机械台班产量定额}$$

（3）机械台班定额的编制方法

机械台班定额在生产实践中主要采用技术测定法进行编制。即首先在施工现场对某种机械的作业台班进行测定，再根据多次测定的结果进行加权平均后确定相应机械的机械台班定额数据。

1.2.3 施工定额的作用

1. 施工定额是施工企业编制施工预算，进行工料机分析和两算对比的基础

施工预算反映的是企业在正常施工作业条件下的劳动消耗，是衡量企业成本管理水平高低的重要依据和标准。因此，正确依据施工定额编制施工预算不仅可以有效控制施工中人工、材料和机械台班的消耗量，而且也能有效降低工程成本。

2. 施工定额是编制施工组织设计、施工作业计划的依据

在施工组织设计中，施工定额是确定工程的人工、材料及机械台班等资源需要量的基础，施工中实物工程量的计算、施工进度计划等也都要根据施工定额进行计算。

在施工作业计划中，确定本月（旬）应完成的施工任务、完成施工计划任务的资源需要量、提高劳动生产率和节约措施计划都要依据施工定额提供的数据进行计算。

3. 施工定额是计取施工企业工人劳动报酬的依据

施工定额是衡量工人劳动数量和质量的标准，是按劳分配的基础。

4. 施工定额是施工企业内部经济核算的依据，也是编制预算定额的基础

施工预算是施工单位用以确定单位工程人工、机械、材料和资金需要量的计划文件，它以施工定额为编制基础，既反映设计图纸的要求，也考虑在现实条件下可能采取的节约人工、材料和降低成本的各项具体措施。严格执行施工定额不仅可以起到控制消耗、降低成本和费用的作用，同时为贯彻经济核算制、加强班组核算和增加盈利创造了良好的条件。

预算定额是在施工定额的基础上，依据施工定额中相关定额子目的人工、材料和机械的消耗标准，经汇列、综合、归并而成的。

5. 施工定额是施工企业进行工程投标、编制工程报价的基础和主要依据

施工定额作为企业定额反映了本企业的技术水平和管理水平。在确定工程投标报价时，首先是依据施工定额计算出施工企业拟完成投标工程需要发生的计划成本，在此基础上，再确定拟获得的利润、预计工程风险费用和其他考虑的因素，从而确定投标报价。因此，施工定额是施工企业编制计算投标报价的基础。

综上所述，施工定额在建筑安装企业管理的各个环节中都是不可缺少的，施工定额管理是企业的基础性工作，具有不容忽视的作用。

过程 1.3　预算定额

1.3.1　预算定额的概念

预算定额是指在正常施工条件下，完成一定计量单位合格产品（分项工程或结构构件）所需的人工、材料、施工机械台班的数量标准。

预算定额是一种计价性的定额。预算定额是由国家主管机关或被授权单位组织编制并颁发的一种法令性指标，是工程建设中一份重要的技术经济文件，在执行中具有很大的权威性。它的各项指标反映了完成规定计量单位符合设计标准和施工及验收规范要求的分项工程消耗的活劳动和物化劳动的数量限度。这种限度最终决定着单项工程和单位工程的成本和造价。

本来意义上的预算定额只反映人工、材料、机械实物数量，近年各地的预算定额相继根据各地的人工单价、材料预算价格、施工机械台班预算价格，算出了每个项目的基价。因此，现在的预算定额既反映实物量，又反映货币量。预算定额所反映出的实物量和货币量，是对社会平均劳动强度、平均技术熟练程度、平均技术装备条件下的反映，即定额水平是社会平均消耗水平。

预算定额的编制基础是施工定额。预算定额不同于施工定额。施工定额只适合在施工企业内部作为经营管理的工具，而预算定额是用来确定建筑安装工程造价并作为对外结算的依据的。但从编制程序上看，施工定额是预算定额的编制基础，而预算定额是概算定额或概算指标的编制基础。可以说，预算定额在计价定额中也是基础性定额。

预算定额的编制依据主要有以下几个方面：

(1) 现行劳动定额和施工定额。
(2) 现行的预算定额，人工、材料、机械预算价格等。
(3) 现行设计规范、施工及验收规范、质量评定标准和安全操作规程。
(4) 通用标准图集、具有代表性的典型工程施工图及有关图集。
(5) 新技术、新结构、新材料和先进的施工方法等。
(6) 有关科学试验、技术测定和统计、经验资料。

1.3.2 预算定额的组成

预算定额一般以单位工程为对象编制，按分部工程分章，章以下为节，节以下为定额子目，每一个定额子目代表一个与之相对应的分项工程，所以分项工程是构成预算定额的最小单元。

预算定额一般包括文字部分和表格部分。

1. 文字部分

由总说明、目录、建筑工程建筑面积计算规则、分部说明、分部工程的工程量计算规则等组成。

(1) 总说明分别对预算定额的指导思想、目的、作用、适用范围、定额的编制依据、定额有关规定进行了必要的介绍，同时，也指出了预算定额在编制定额时已经考虑和没有考虑的因素与有关规定和使用方法。因此，在使用定额时首先应了解这部分内容。

(2) 建筑面积计算规则中的建筑面积是分析建筑安装工程技术经济指标的重要依据，根据建筑面积计算规则计算的每一单位建筑面积的工程量、造价、用工、用料等，可与同类结构性质的工程相互比较其技术经济效果。

(3) 分部说明是针对各分部工程所作的统一规定，主要说明各分部工程中所包括的分项工程的工程量计算规则、定额综合考虑的内容、允许换算的相关规定、分项定额在使用中的有关调整系数的规定。这部分是工程量计算的基础，必须全面掌握。

2. 表格部分

包括定额项目表、表头工作内容、附注和附录表。

(1) 定额项目表

定额项目表是预算定额的主要组成部分，主要包括工作内容、项目编号、项目名称、计量单位、工料机消耗量、基价、人工费、材料费、机械费、附注等内容。以某省的建筑预算定额为例，建筑工程消耗量定额的内容分别为实体项目（第一部分）、措施项目（第二部分）、附录（第三部分）。每一部分又按施工顺序、工程内容、使用材料、建筑结构等分成若干章。实体项目有土石方工程、桩与地基基础工程、砌筑工程、混凝土及钢筋混凝土工程、厂库房大门特种门木结构工程、金属结构工程、屋面及防水工程、防腐保温隔热工程、构件运输及安装工程、厂区道路及排水工程共十章；措施项目内容有脚手架工程、模板工程、垂直运输工程、建筑物超高费、大型机械一次安拆及场外运输费、其他可竞争措施项目、不可竞争措施项目共七章内容。每章又按工程内容、施工方法、使用材料等分成若干节。

以某省实体项目中土石方工程、砌筑工程、混凝土及钢筋混凝土工程定额项目表为例，具体见表1-1、表1-2、表1-3的内容。

A.1.1.1 人工挖土方、淤泥、流沙 表1-1

工作内容：挖土、装土、将土倒至地面、修理底边、拍底、钎探。　　　单位：100m³

定额编号				A1-1	A1-2	A1-3
项目名称				人工挖土方		
				一、二类土		
				深度(m以内)		
				2	4	6
基价(元)				761.10	969.30	1247.10
其中	人工费(元)			761.10	969.30	1247.10
	材料费(元)			—	—	—
	机械费(元)			—	—	—
	名称	单位	单价(元)	数量		
人工	综合用工三类	工日	30.00	23.870	32.310	41.570
定额编号				A1-4	A1-5	A1-6
项目名称				人工挖土方		
				三类土		
				深度(m以内)		
				2	4	6
基价(元)				1138.20	1391.10	1669.20
其中	人工费(元)			1138.20	1391.10	1669.20
	材料费(元)			—	—	—
	机械费(元)			—	—	—
	名称	单位	单价(元)	数量		
人工	综合用工三类	工日	30.00	37.940	46.370	55.640

A.1.1.1 人工挖土方、淤泥、流沙

续表

工作内容：挖土、装土、将土倒至地面、修理底边、拍底、钎探。　　　　单位：100m³

定 额 编 号			A1-7	A1-8	A1-9
项 目 名 称			人工挖土方		
			四类土		
			深度（m以内）		
			2	4	6
基价（元）			1641.60	1894.50	2172.60
其中	人 工 费（元）		1641.60	1894.50	2172.60
	材 料 费（元）				
	机 械 费（元）				
	名 称	单位	单价（元）	数 量	
人工	综合用工三类	工日	30.00	54.720	63.150	72.420

A.3.1 基础及实砌内外墙

表 1-2

工作内容：1. 调运砂浆（包括筛砂子及淋灰膏）、砌砖。基础包括清理基槽。
　　　　　2. 砌窗台虎头砖、腰线、门窗套。
　　　　　3. 安放木砖、铁件。　　　　　　　　　　　　　　　　　单位：10m³

定 额 编 号			A3-1	A3-2	A3-3	A3-4
项 目 名 称			砖基础	砖砌内外墙（墙厚）		
				一砖以内	一砖	一砖以上
基价（元）			1726.47	2083.57	1909.94	1912.60
其中	人 工 费（元）		438.40	738.80	599.20	581.60
	材 料 费（元）		1258.84	1320.01	1282.23	1300.99
	机 械 费（元）		29.26	24.76	28.51	30.01
	名 称	单位	单价（元）	数 量		
人工	综合用工二类	工日	40	10.960	18.470	14.980	14.540
材料	水泥砂浆 M5（中砂）	m³	—	(2.360)	—	—	—
	水泥石灰砂浆 M5（中砂）	m³	—	—	(1.920)	(2.250)	(2.382)
	标准砖 240×115×53	千块	200.00	5.236	5.661	5.314	5.345
	水泥 32.5	t	220.00	0.505	0.411	0.482	0.510
	中砂	t	25.16	3.783	3.078	3.607	3.818
	生石灰	t	85.00	—	0.157	0.185	0.195
	水	m³	3.03	1.760	2.180	2.280	2.360
机械	灰浆搅拌机 200L	台班	75.03	0.390	0.330	0.380	0.400

A.4.1.2 柱 表1-3

工作内容：混凝土搅拌、场内水平运输、浇捣、养护等。 单位：10m³

定额编号				A4-14	A4-15	A4-16	A4-17
项目名称				矩形柱	圆形及正多边形柱	构造柱异形柱	升板柱帽
基价(元)				2339.33	2365.04	2489.88	2693.18
其中	人工费(元)			848.40	875.20	999.60	1206.40
	材料费(元)			1401.58	1400.49	1400.93	1397.43
	机械费(元)			89.35	89.35	89.35	89.35
	名称	单位	单价(元)	数量			
人工	综合用工二类	工日	40	21.210	21.880	24.990	30.160
材料	现浇混凝土（中砂碎石）C20-40	m³	—	(9.800)	(9.800)	(9.800)	(9.800)
	水泥砂浆1:2(中砂)	m³	—	(0.310)	(0.310)	(0.310)	(0.310)
	水泥32.5	t	220.00	3.356	3.356	3.356	3.356
	中砂	t	25.16	7.008	7.008	7.008	7.008
	碎石	t	33.78	13.387	13.387	13.387	13.387
	塑料薄膜	m²	0.60	4.000	3.440	3.360	—
	水	m³	3.03	10.670	10.420	10.580	10.090
机械	滚筒式混凝土搅拌机500L以内	台班	120.35	0.600	0.600	0.600	0.600
	灰浆搅拌机200L	台班	75.03	0.040	0.040	0.040	0.040
	混凝土振捣器(插入式)	台班	11.40	1.240	1.240	1.240	1.240

注：正多边形柱是指柱断面为正方形以外的正多边形。

在定额项目表中，预算基价可用下面的公式计算：

$$基价 = 人工费 + 材料费 + 机械费$$

基价中人工、材料、机械费用及消耗量指标之间的关系如下：

$$人工费 = 定额各分项综合用工量 \times 人工工日单价$$
$$材料费 = 定额各分项材料用量 \times 相对应材料的预算价格$$
$$机械费 = 定额各分项机械台班用量 \times 相对应机械台班使用费$$

【例1-3】 以项目编号A3-3为例，验证上述公式。

【解】 查项目编号A3-3可得：

基价 $= 599.20 + 1282.23 + 28.51 = 1909.94$ 元$/10m^3$

人工费 $= 14.98 \times 40 = 599.20$ 元$/10m^3$

材料费 $= (5.314 \times 200 + 0.482 \times 220 + 3.607 \times 25.16$
$+ 0.185 \times 85 + 2.28 \times 3.03)$
$= 1282.23$ 元$/10m^3$

机械费 $= 0.38 \times 75.03 = 28.51$ 元$/10m^3$

通过上述例子，我们可以看出，定额基价表充分地反映了工程项目中各分项的基价、人工、材料、机械台班费用和相应的消耗数量标准，通过这些费用和消耗量基础指标就能计算出某工程的工程造价及工料机的消耗量。

(2) 附录

预算定额的最后一个组成部分就是附录，它主要是为了配合预算定额灵活使用的一部分内容。包括混凝土及砂浆配合比表，材料、成品、半成品损耗率表，材料、成品、半成品价格取定表，建筑施工机械台班价格取定表等内容。

以砌筑砂浆配合比表和普通混凝土配合比表为例，见表1-4、表1-5所列。

砌筑砂浆配合比表　　　　　　　　　表1-4

单位：m³

配合比编码			ZF1-0377	ZF1-0378	ZF1-0381	ZF1-0382
项目名称			水泥石灰砂浆			
			M5.0		M10	
			中砂	细砂	中砂	细砂
预算价值(元)			96.03	90.61	105.99	100.57
名称	单位	单价(元)	数量			
水泥32.5	t	220.00	0.214	0.214	0.274	0.274
生石灰	t	85.00	0.082	0.082	0.048	0.048
中砂	t	25.16	1.603	—	1.603	—
细砂	t	23.48	—	1.487	—	1.487
水	m³	3.03	0.543	0.543	0.428	0.428

普通混凝土配合比表　　　　　　　　　表1-5

现浇部分　　　　　　　　　　　　　　单位：m³

配合比编码			ZF1-0029	ZF1-0030	ZF1-0031	ZF1-0032
项目名称			粗骨料最大粒径40mm			
			混凝土强度等级			
			C20	C25	C30	C35
预算价值（元）			135.02	132.13	140.98	149.30
名称	单位	单价（元）	数量			
水泥32.5	t	220.00	0.325	—	—	—
水泥42.5	t	230.00	—	0.294	0.336	0.378
中砂	t	25.16	0.669	0.680	0.605	0.592
碎石	t	33.78	1.366	1.387	1.419	1.389
水	m³	3.03	0.180	0.180	0.180	0.180

1.3.3 预算定额的作用

1. 预算定额是编制施工图预算，确定工程造价的依据

预算定额是确定一定计量单位工程分项人工、材料、机械消耗量的依据，也是计算分项工程单价的基础。预算定额起着控制劳动消耗、材料消耗和机械台班使用的作用，进而起着控制建筑产品价格水平的作用。

2. 预算定额是招投标中编制招标标底和投标报价的依据

随着工程量清单计价的推行，预算定额的指令性作用将日益削弱，而对施工单位按照工程具体情况报价的预算定额指导性作用则仍然存在。因此，预算定额作为编制标底的依据和施工企业投标报价的基础性的作用仍将存在，这是由于它本身的科学性和权威性所决定的。

3. 预算定额是建筑工程拨付工程价款和竣工结算的依据

按照进度支付工程款，需要根据预算定额将已完分项工程造价算出，单位工程验收后，再按竣工工程量、预算定额和施工合同规定进行结算，以保证建设单位资金的合理使用和施工单位的经济收入。

4. 预算定额是施工企业进行经济核算，考核工程成本的依据

实行经济核算的根本目的，是用经济的方法促使企业在保证质量和工期的条件下，用少的劳动消耗取得好的经济效果。在目前，预算定额仍决定着施工企业的效益，企业必须以预算定额作为评价施工企业工作的重要标准。施工企业可根据预算定额，对施工中的人工、材料、机械的消耗情况进行具体的分析，以便找出低工效、高消费的薄弱环节及其原因，为实现经济效益的增长由粗放型向集约型转变提供对比数据，促进企业提高在市场上的竞争能力。

5. 预算定额是对设计方案和施工方案进行技术经济评价的依据

设计方案的确定在设计工作中居于中心地位。设计方案的选择要满足功能要求、符合设计规范，既要技术先进又要经济合理。根据预算定额对方案进行技术经济分析和比较，是选择经济合理的设计方案的重要方法。对设计方案进行比较，主要是通过定额对不同方案所需人工、材料和机械台班消耗量，材料重量，材料资源等进行比较。这种比较可以判明不同方案对工程造价的影响，从而选择经济合理的设计方案。

对于新结构、新材料的应用和推广，也需要借助于预算定额进行技术经济分析和比较，从技术与经济的结合上考虑普遍采用的可能性和效益。

6. 预算定额是编制概算定额、概算指标的依据

概算定额和概算指标是在预算定额基础上经综合扩大编制的，需要利用预算定额作为编制依据，这样做不但可以节约编制工作中大量的人力、物力和时间，收到事半功倍的效果，还可以使概算定额和概算指标在水平上与预算定额一致，以避免造成同一工程项目在不同阶段造价管理中的不一致。

过程 1.4　概算定额及概算指标

1.4.1　概算定额及概算指标的概念

1. 概算定额的概念

概算定额是在预算定额基础上，依据通用图和标准图等资料，以主要分项工程为准,经过适当综合扩大,规定完成一定计量单位的合格产品所消耗的人工、材料、机械台班消耗量的数量标准。

例如,概算定额中的"砖基础"工程,就是把预算定额中的挖地槽、基础垫层、砌筑垫层、砌筑基础、铺设防潮层、回填土、余土外运等项目,并为一项砖基础工程。概算定额水平应该贯彻社会平均水平的原则,这是由于概算定额和预算定额都是计价的依据,所以应符合现阶段的生产力水平。

概算定额内容也包括人工、材料和机械台班消耗量指标三部分,并列有基准价。概算定额是在预算定额的基础上编制的,其编制依据有:

(1) 现行的设计规范、标准图集、典型工程施工图等。
(2) 现行的预算定额、概算定额、概算指标及其编制资料。
(3) 概算定额编制期定额人工工资标准、材料预算价格、机械台班费用等。
(4) 编制期的施工图预算或工程结算资料等。

概算定额根据专业性质不同所划分的种类,如图1-3所示。

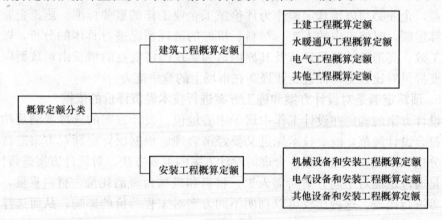

图1-3 概算定额分类框图

2. 概算指标的概念

概算指标通常是以整体建筑物或构筑物为对象,以建筑面积、建筑体积或成套设备的台或组为计量单位而规定的人工、材料和机械台班的消耗量标准和造价指标。概算指标比概算定额具有更加概括与扩大的特点。就建筑工程而言,建筑工程概算指标是用建筑面积或体积、或万元为计量单位的,它的数字均来自预算和决算资料,即用工程造价除以建筑面积或体积获得。目前,以面积为单位表示概算指标的方法较为普遍。

概算指标按项目划分有单位工程概算指标(例如,土建工程概算指标、水暖工程概算指标、电气工程概算指标)、单项工程概算指标、建设工程概算指标;按费用划分有直接费概算指标和工程造价指标。概算指标可分为两大类:一类是建筑工程概算指标,另一类是安装工程概算指标。其分类如图1-4所示。

3. 建筑安装工程概算定额与概算指标的区别

(1) 确定各种消耗量指标的对象不同

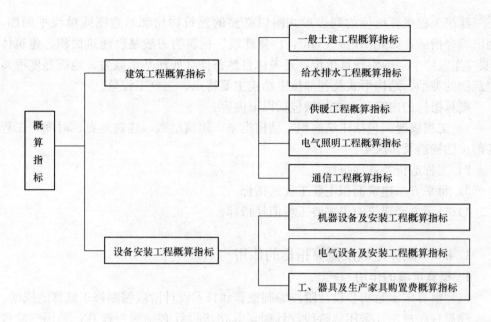

图1-4 概算指标分类框图

概算定额是以单位扩大分项工程为对象；而概算指标是以整个建筑物或构筑物为对象。因此，概算指标比概算定额更加的综合扩大。

(2) 确定各种消耗量指标的依据不同

概算定额是以现行预算定额为基础，通过计算综合确定出各项消耗量指标；而概算指标中的各项消耗量指标的确定，则主要来源于各种预算资料或工程结算资料。

1.4.2 概算定额及概算指标的组成

1. 概算定额的组成

按专业特点和地区特点编制的概算定额手册，内容基本上是由文字说明、定额项目表和附录三部分组成的。

文字说明部分有总说明和分部说明。在总说明中，主要阐述概算定额的编制依据、使用范围、包括的内容及作用、应遵守的规则、建筑面积计算规则等。分部工程说明主要说明分部工程的内容、适用范围和使用方法。

定额项目表是概算定额手册的核心内容，由若干分节定额组成。各节定额由工程内容、定额表及附注说明组成。定额表中列有定额编号，计量单位，概算价格，人工、材料、机械台班消耗量指标，综合了预算定额的若干项目与数量。

2. 概算指标的组成

概算指标一般由文字说明和列表形式以及必要的附录组成。

(1) 总说明和分册说明

其内容一般包括：概算指标的编制范围、编制依据、分册情况、指标包括的内容、指标的使用方法、指标允许调整的范围及调整方法等。

(2) 列表形式

建筑工程概算指标的列表形式附以必要的建筑物轮廓示意图或单线平面图，列出综合指标，如元/m^2或元/m^3，房屋建筑、构筑物一般是以建筑面积、建筑体积、"座"、"个"等为计算单位，还考虑自然条件（如地基承载力、地震烈度等），建筑物的类型、结构形式及各部位中结构主要特点、主要工程量。

概算指标的内容和形式一般包括以下内容：

1）工程概况。包括建筑面积、结构类型、建筑层数、建筑地点、时间、工程各部位的构造及做法等。

2）工程造价及各项指标。

3）每平方米建筑面积主要工程量指标。

4）每平方米建筑面积主要工料消耗指标。

1.4.3 概算定额及概算指标的作用

1. 概算定额的作用

（1）概算定额是初步设计阶段编制概算和技术设计阶段编制修正概算的依据。

建设程序规定，采用两阶段设计时，其初步设计必须编制概算；采用三阶段设计时，其技术设计必须编制修正概算，对拟建项目进行总估价。

（2）概算定额是进行设计方案比较的依据。

进行设计方案比较的目的是选择出技术先进可靠、经济合理的方案，在满足使用功能的条件下，降低造价和资源消耗。

（3）概算定额是编制主要材料需要量的依据。

依据概算定额所列估计消耗指标，计算出材料数量，可在施工图设计之前提出供应计划，为材料的采购、供应做好准备和提供前提条件。

（4）概算定额是编制概算指标的基础。

（5）概算定额可作为已完工程价款结算的依据。

2. 概算指标的作用

（1）概算指标可以作为编制投资估算的参考。

（2）概算指标中的主要材料指标可作为估算主要材料用量的依据。

（3）概算指标是设计单位进行设计方案比较和优选的依据。

（4）概算指标是编制固定资产计划、确定投资额的主要依据。

复 习 思 考 题

1. 何谓定额？它是如何进行分类的？
2. 施工定额有哪些作用？
3. 何谓预算定额？预算定额的组成有哪些？
4. 概算定额与概算指标的区别有哪些？
5. 材料消耗量定额的编制方法有哪些？
6. 劳动定额的编制方法有哪些？

任务 2
定额的使用

过程 2.1 施工定额的使用

2.1.1 施工定额的适用范围

施工定额是适用于施工企业内部管理的一部定额。预算人员依据施工定额编制施工预算，并进行项目成本人材机消耗量分析；施工企业依据施工定额进行项目成本管理、施工作业计划安排及施工组织设计的编制，同时也是施工企业给施工队下达施工任务单、限额领料单和进行两算对比以及施工队计算工人劳动报酬的依据。

2.1.2 施工定额的应用

目前，国内的施工定额还未形成一个综合性整体版本，国家只颁布了全国统一劳动定额的单行本。2009 年 3 月 1 日实施的《建设工程劳动定额》是国家颁发的最新劳动定额版本，包括建筑工程、装饰工程、安装工程、市政工程和园林绿化工程。

现行的施工定额主要包括文字说明、定额明细项目与附录三部分内容。

文字说明包括总说明和各册、各章说明。总说明主要包括定额的编制依据、编制原则、适用范围、定额消耗指标的计算方法和有关规定。各册、各章说明主要包括施工方法、工程量计算规则和计算方法的说明、施工说明、班组成员配备说明等。

定额明细项目包括工程工作内容、定额编号、项目名称、定额单位及分项定额的人工、材料、机械台班消耗指标。为保证定额明细项目的正确使用，有些定额明细项目还要增加"分项定额的注解"。

附录位于施工定额的最后，主要内容包括定额名词解释、砂浆或混凝土配合比的换算、材料指标计算的相关资料等。下面以《建设工程劳动定额建筑工程》LD/T 72.1～11—2008 中的砌筑工程为例加以说明。

5.1 砖砌体工程

5.1.1 砖基础

5.1.1.1 工作内容：包括其清理地槽、砌砖、角，抹防潮砂浆等操作过程。

5.1.1.2 砖基础时间定额（表 2-1）

砖基础时间定额表　　　　　　　　　　　　　　　表 2-1

单位：m³

定额编号	AD0001	AD0002	AD0003	AD0004	AD0005	序号
项目	带形基础			圆、弧形基础		
	厚度					
	1砖	3/2砖	2砖>2砖	1砖	>1砖	
综合	0.937	0.905	0.876	1.08	1.040	一
砌砖	0.390	0.354	0.325	0.470	0.425	二
运输	0.449	0.449	0.449	0.500	0.500	三
调制砂浆	0.098	0.102	0.102	0.110	0.114	四

注：1. 墙基无大放脚者，其砌砖部分执行混水墙相应定额。
2. 带形基础亦称条形基础。

定额编号	AD0006	AD0007	序号
项目	独立基础	砌挖孔桩护壁	
综合	1.120	1.410	一
砌砖	0.490	0.550	二
运输	0.500	0.700	三
调制砂浆	0.130	0.160	四

注：挖孔桩护壁不分厚度，砂浆不分人拌与机拌，砖、砂浆均以人力垂直运输为准。

5.1.2 砖墙

5.1.2.1 工作内容：

砌墙面艺术形式（腰线、门窗套子、虎头砖、通立边等）、砖垛、平碹及安放平碹模板，梁板头砌砖、梁板下塞砖，楼愣间砌砖，留孔洞，留楼梯踏步斜槽，砌各种凹进处，山墙、女儿墙泛水槽，安放木砖、铁件及体积≤0.024m³ 的预制混凝土门窗过梁、隔板、垫块，以及调整立好后的门窗框等。

5.1.2.2 砖墙时间定额（表 2-2）

砖墙时间定额表

表 2-2
单位：m³

定额编号	AD0008	AD0009	AD0010	AD0011	序号
项目	单面清水墙				
	1/2 砖	1 砖	3/2 砖	≥2 砖	
综 合	1.394	1.270	1.200	1.120	一
砌 砖	0.910	0.726	0.653	0.568	二
运 输	0.389	0.440	0.440	0.440	三
调制砂浆	0.095	0.101	0.106	0.107	四
定额编号	AD0012	AD0013	AD0014	AD0015	AD0016	序号
项目	单面清水墙					
	1/2 砖	3/4 砖	1 砖	3/2 砖	≥2 砖	
综 合	1.520	1.480	1.230	1.140	1.070	一
砌 砖	1.000	0.956	0.684	0.593	0.520	二
运 输	0.434	0.437	0.440	0.440	0.440	三
调制砂浆	0.085	0.089	0.101	0.106	0.107	四
定额编号	AD0020	AD0021	AD0022	AD0023	AD0024	序号
项目	混水内墙					
	1/2 砖	3/4 砖	1 砖	3/2 砖	≥2 砖	
综 合	1.380	1.340	1.020	0.994	0.917	一
砌 砖	0.865	0.815	0.482	0.448	0.404	二
运 输	0.434	0.437	0.440	0.440	0.395	三
调制砂浆	0.085	0.089	0.101	0.106	0.118	四
定额编号	AD0025	AD0026	AD0027	AD0028	AD0029	序号
项目	混水内墙					
	1/2 砖	3/4 砖	1 砖	3/2 砖	≥2 砖	
综 合	1.500	1.440	1.090	1.040	1.010	一
砌 砖	0.980	0.951	0.549	0.491	0.458	二
运 输	0.434	0.437	0.440	0.440	0.440	三
调制砂浆	0.085	0.089	0.101	0.106	0.107	四
定额编号	AD0030	AD0031	AD0032	AD0033	AD0034	序号
项目	多孔砖墙			空心砖墙		
	墙体厚度（mm）					
	1 砖	3/2 砖	2 砖＞2 砖	1 砖	＞1 砖	
综 合	0.967	0.915	0.860	0.965	0.804	一
砌 砖	0500	0.450	0.400	0.556	0.463	二
运 输	0.417	0.415	0.410	0.364	0.296	三
调制砂浆	0.050	0.050	0.050	0.045	0.045	四

注：多孔砖墙、空心砖墙包括镶砌标准砖。

过程 2.2　预算定额的应用

2.2.1　预算定额的适用范围

预算定额适用于一般工业与民用建筑的新建、扩建和接层工程的工程招投标造价的计算、人材机消耗数量的确定、施工企业经营成本的核算、竣工工程的结算及工程量清单报价等方面。

2.2.2　预算定额的应用

要使用预算定额,首先必须了解总说明和分部工程的说明,从而了解定额的适用范围、工程量计算方法、各种情况下的换算方法等相关内容。预算定额是编制工程预算、办理竣工决算的依据。因此,预算人员一定要熟悉预算定额的内容、形式和使用方法,在套用定额时,必须根据施工图中的设计要求、工程做法等,选择相应的定额项目,才能准确、及时地搞好预算工作。下面,以某省幸福花园小区物业楼的若干分项工程的定额使用情况为例来说明预算定额的使用方法。

某省幸福花园小区物业楼,预算人员依据该省预算定额相关工程量计算规则,进行了分项工程的列项及工程量的计算(见本系列教材工程量的计算),具体内容见表 2-3 所列。试确定下表中的各分项工程的定额编号及定额基价、人工费、材料费、机械费。即单位工程预算表的填制过程。

物业楼工程量表　　　　表 2-3

工程名称:幸福花园小区物业楼

序号	定额编号	项目名称	单位	工程量	基价	其中(元)		
						人工费	材料费	机械费
1		人工挖土方一、二类土深度(2m 以内)	m³	749.4				
2		砌砖基础	m³	55.02				
3		加气混凝土砌块墙[水泥石灰砂浆 M5(中砂)]	m³	199.65				
4		现浇钢筋混凝土矩形柱[现浇混凝土(中砂碎石)C25-40,水泥砂浆 1:2(中砂)]	m³	68.15				
5								
6								
7								
8								
9								

第一步：定额项目编号的选用

按设计规定的做法与要求并结合各省预算定额来选用定额项目，当所选择项目的设计做法和工作内容与定额项目规定的相符合时，就可以直接套用定额，否则，必须依据定额中的有关规定进行换算或补充。所以，查某省的预算定额基价表（表1-1～表1-3）可知分项工程应套用的定额编号及定额计量单位，将相关信息填入表2-4。

例如，幸福花园小区物业楼工程，墙体为加气混凝土砌块墙，M5（中砂）水泥砂浆砌筑。

工程名称：幸福花园小区物业楼

项目名称：加气混凝土砌块墙 M5（中砂）水泥砂浆

定额编号：A3-17

计量单位：10m³

工程量：19.965

单位工程预算表 表2-4

工程名称：幸福花园小区物业楼

序号	定额编号	项目名称	单位	工程量	基价	其中（元）			合价	其中（元）		
						人工费	材料费	机械费		人工费	材料费	机械费
1	A1-1	人工挖土方一、二类土深度（2m以内）	100m³	7.494								
2	A3-1	砖基础水泥砂浆 M5（中砂）	10m³	5.502								
3	A3-17	加气混凝土砌块墙[水泥石灰砂浆 M5（中砂）]	10m³	19.965								
4	A4-14	现浇钢筋混凝土矩形柱 C25-40（中砂碎石）	10m³	6.815								
5												
6												
7												

注：该表中的工程量为定额计量单位下表示的工程量。

第二步：预算定额的套用

预算定额的套用时常遇到有预算定额的直接套用、预算定额的换算、预算定额的补充三种情况。

结合本工作具体任务，我们分析各分项工程定额套用方法。

（1）预算定额的直接套用

在编制施工图预算过程中，大多数项目均可直接套用定额。具体地说，当施工图中的设计要求与预算定额规定的项目内容完全一致时，可直接套用定额中定额基价、人工费、材料费、机械费及人工、材料、机械的消耗量。

查表 1-1、表 1-2 可知，工作任务中人工挖土方项目及砖基础项目与预算定额规定的项目内容完全一致，因此，可以直接套用定额子目中的定额基价、人工费、材料费、机械费。将相关信息填入表 2-5。

例如，幸福花园小区物业楼工程，砖基础，M5（中砂）水泥砂浆砌筑。

工程名称：幸福花园小区物业楼
项目名称：砖基础水泥砂浆 M5（中砂）水泥砂浆砌筑
定额编号：A3-1
计量单位：10m³
工程量：5.502
定额基价：1726.47 元
人工费：438.40 元
材料费：1258.81 元
机械费：29.26 元

单位工程预算表　　　　　　　　　　　　　　表 2-5

工程名称：幸福花园小区物业楼

序号	定额编号	项目名称	单位	工程量	基价	其中（元）			合价	其中（元）		
						人工费	材料费	机械费		人工费	材料费	机械费
1	A1-1	人工挖土方一、二类土深度（2m 以内）	100m³	7.494	716.10	716.10	—	—				
2	A3-1	砖基础水泥砂浆 M5（中砂）	10m³	5.502	1726.47	438.40	1258.81	29.26				
3	A3-17	加气混凝土砌块墙［水泥石灰砂浆 M5（中砂）］	10m³	19.965								
4	A4-14	现浇钢筋混凝土矩形柱 C25-40（中砂碎石）	10m³	6.815								
5												
6												
7												
8												
9												
10												
11												
12												
13												
14												

注：该表中的工程量为定额计量单位下表示的工程量。

（2）预算定额的换算套用

当施工图纸中的设计要求与预算定额中的项目内容不一致时，在定额允许换算的前提下，就可以对不一致处进行调整，于是就产生了定额的换算。预算定额的换算主要包括以下几个方面：砌筑砂浆的换算、混凝土的换算、定额系数的换算。

预算定额换算的基本思路为依据施工图设计要求选定预算定额中的定额子目，在此基础上按照定额规定，换出应扣除或调减的费用，换入应增加的费用。以某省定额为例，讲解具体方法如下。

1）砌筑砂浆的换算套用

某省定额中规定，当设计图纸要求的砂浆强度等级与定额不一致时，可以换算。当施工图纸要求的砌筑砂浆强度等级在预算定额中缺项时，就根据图纸要求在定额中调整砂浆强度等级，从而求出图纸要求砂浆下的项目新基价或各种材料的新消耗量。

例如，查表2-6定额编号A3-17项目可得，定额计量单位为$10m^3$，定额中基价及材料费的组价是按M10水泥石灰砂浆考虑的，与工作任务要求的M5水泥石灰砂浆强度等级不同，因此应进行砌筑砂浆强度等级换算。

换算思路：砌筑砂浆强度等级换算时，砂浆用量不变，人工费、机械费不变，只调整材料费。换算公式为：

换算后定额基价＝原定额基价＋定额砂浆用量×（换入砂浆单价
　　　－换出砂浆单价）

查表2-6定额编号A3-17项目可得：

换算前原定额基价＝2071.00元/$10m^3$

定额中砂浆用量＝0.800m^3/$10m^3$

砌筑砂浆单价查表1-4可得出。

换出M10砌筑砂浆单价：105.99元/m^3

换入M5砌筑砂浆单价：96.03元/m^3

换算后定额基价＝2071.00＋[0.800×(96.03－105.99)]

＝2063.03元/$10m^3$

换算后人工费＝393.20元/$10m^3$

换算后材料费＝1668.05＋[0.800×(96.03－105.99)]＝1660.08元/$10m^3$

换算后机械费＝9.75元/$10m^3$

所以，M5水泥石灰砂浆砌筑加气混凝土砌块定额基价为2063.03元/$10m^3$，人工费为393.20元/$10m^3$，材料费为1660.08元/$10m^3$，机械费为9.75元/$10m^3$。将相关信息填入表2-7。

幸福花园小区物业楼工程，墙体为加气混凝土砌块墙，M5（中砂）水泥砂浆砌筑。

工程名称：幸福花园小区物业楼

项目名称：加气混凝土砌块墙M5（中砂）水泥砂浆

定额编号：A3-17 换
计量单位：10m³
工程量：19.965
定额基价：2063.03 元
人工费：393.20 元
材料费：1660.08 元
机械费：9.75 元

A.3.1 基础及实砌内外墙　　　　　　　　　　　　　　　　表 2-6

工作内容：1. 调运砂浆（包括筛砂子及淋灰膏）、运砌块。2. 砌砌块包括窗台虎头砖、腰线、门窗套。3. 安放木砖、铁件等。

单位：10m³

定额编号				A3-17
项目名称				砌块墙
				加气混凝土砌块
基价（元）				2071.00
其中	人工费（元）			393.20
	材料费（元）			1668.05
	机械费（元）			9.75
	名称	单位	单价（元）	数量
人工	综合用工二类	工日	40.000	9.830
材料	水泥石灰砂浆 M10（中砂）	m³	—	(0.800)
	加气混凝土砌块		160.00	9.532
	标准砖 240×115×53	千块	200.00	0.276
	水泥 32.5	t	220.00	0.219
	中砂	t	25.16	1.282
	生石灰	t	85.00	0.038
	水	m³	3.03	1.340
机械	灰浆搅拌机 200L	台班	75.03	0.130

单位工程预算表　　　　　　　　　　　　　　　　表 2-7

工程名称：幸福花园小区物业楼

序号	定额编号	项目名称	单位	工程量	基价	其中（元）			合价	其中（元）		
						人工费	材料费	机械费		人工费	材料费	机械费
1	A1-1	人工挖土方一、二类土深度（2m 以内）	100m³	7.494								
2	A3-1	砖基础水泥砂浆 M5（中砂）	10m³	5.502								

续表

序号	定额编号	项目名称	单位	工程量	基价	其中（元）			合价	其中（元）		
						人工费	材料费	机械费		人工费	材料费	机械费
3	A3-17 换	加气混凝土砌块墙［水泥石灰砂浆 M5（中砂）］	10m³	19.965	2063.03	393.20	1660.08	9.75				
4	A4-14	现浇钢筋混凝土矩形柱 C25-40（中砂碎石）	10m³	6.815								
5												
6												
7												
8												
9												
10												
11												
12												
13												

注：该表中的工程量为定额计量单位下表示的工程量。

2）某省混凝土强度等级的换算

按照定额规定，当施工图纸要求的构件混凝土强度等级或楼地面混凝土强度等级在预算定额项目基价表中无法直接使用时，就应进行混凝土强度等级的换算。

查表 1-3 柱表中 A4-14 定额子目可得，定额计量单位为 10m³，定额中基价及材料费的组价是按 C20 考虑的，与题目要求混凝土强度等级 C25 不同，因此应进行混凝土强度等级的换算。

换算思路：混凝土用量不变，人工费、机械费不变，换算混凝土强度等级、石子粒径，调整混凝土材料费。其换算公式为：

换算后定额基价＝原定额基价＋定额混凝土用量×（换入混凝土单价－换出混凝土单价）

查定额编号为 A4-14 的项目，换算前原定额基价＝2339.33 元/10m³

定额中混凝土用量＝9.8m³/10m³

换入、换出混凝土单价查表 1-5 可得出。

换出 C20 混凝土单价：135.02 元/m³

换入 C25 混凝土单价：132.13 元/m³

换算后定额基价＝2339.33＋[9.8×(132.13－135.02)]
　　　　　　　＝2311.01 元/10m³

换算后人工费＝848.40 元/10m³

换算后材料费＝1401.58＋[9.8×(132.13－135.02)]
　　　　　　＝1373.26 元/10m³

换算后机械费＝89.35 元/10m³

所以，现浇 C25 混凝土矩形柱的定额基价为 2311.01 元/10m³、人工费为 848.40 元/10m³、材料费为 1373.26 元/10m³、机械费为 89.35 元/10m³。将相关信息填入表 2-8。

幸福花园小区物业楼工程，柱为现浇 C25 混凝土矩形柱

工程名称：幸福花园小区物业楼

项目名称：现浇 C25 混凝土矩形柱

定额编号：A4-14 换

计量单位：10m³

工程量：6.815

定额基价：2311.01 元

人工费：848.40 元

材料费：1373.26 元

机械费：89.35 元

单位工程预算表　　　　　　表 2-8

工程名称：幸福化园小区物业楼

序号	定额编号	项目名称	单位	工程量	基价	其中（元）			合价	其中（元）		
						人工费	材料费	机械费		人工费	材料费	机械费
1	A1-1	人工挖土方、二类土深度（2m 以内）	100m³	7.494								
2	A3-1	砖基础水泥砂浆 M5（中砂）	10m³	5.502								
3	A3-17 换	加气混凝土砌块墙[水泥石灰砂浆 M5（中砂）]	10m³	19.965								
4	A4-14 换	现浇钢筋混凝土矩形柱 C25-40（中砂碎石）	10m³	6.815	2311.01	848.40	1373.26	89.35				
5												
6												
7												
8												
9												
10												
11												
12												
13												
14												

注：该表中的工程量为定额计量单位下表示的工程量。

3) 系数换算

系数换算是指在使用某些预算定额项目时,按照定额工程量计算规则的规定,需要在相关定额子目的基础上部分或全部费用或消耗量乘以规定的系数。

例如,计算幸福花园小区物业楼独立基础下 $10m^3$ C15 混凝土垫层的定额基价、人工费、机械费。

过程分析:查 B.1 楼地面工程的分部说明可知,垫层项目如用于基础垫层时,人工、机械乘以系数 1.2;查 B.1.1 垫层定额项目表中的 B1-24,定额计量单位为 $10m^3$,定额中基价及材料费的组价是按 C15 考虑的,与题目要求混凝土强度等级相同,不用进行混凝土强度等级的换算。

换算思路:定额基价中的人工费、机械费分别乘以系数 1.2,材料费不变。

换算:查 B.1.1 垫层定额项目表中的 B1-24 可知,原定额基价=1692.85 元 $/10m^3$,

人工费=386.40 元 $/10m^3$,机械费=56.90 元 $/10m^3$,材料费为 1249.55 元 $/10m^3$

换算后项目基价=1692.85+386.40×(1.2-1)+56.90×(1.2-1)=1781.51 元 $/10m^3$

换算后人工费=386.40×1.2=463.68 元 $/10m^3$

换算后机械费=56.90×1.2=68.28 元 $/10m^3$

所以,浇筑 $10m^3$ 的 C15 混凝土垫层的定额基价为 1781.51 元 $/10m^3$、人工费为 463.68 元 $/10m^3$、材料费为 1249.55 元 $/10m^3$、机械费为 68.28 元 $/10m^3$,将相关信息填入表 2-9。

项目名称:现浇 C15 混凝土垫层

定额编号:B1-24 换

计量单位:$10m^3$

工程量:1

定额基价:1781.51 元

人工费:463.68 元

材料费:1249.55 元

机械费:68.28 元

单位工程预算表　　　　　　　　表 2-9

工程名称:幸福花园小区物业楼

序号	定额编号	项目名称	单位	工程量	基价	其中(元)			合价	其中(元)		
						人工费	材料费	机械费		人工费	材料费	机械费
1	B1-24 换	C15 混凝土垫层	$10m^3$	1	1781.51	463.68	1249.55	68.28				
2												
3												

续表

序号	定额编号	项目名称	单位	工程量	基价	其中（元）			合价	其中（元）		
						人工费	材料费	机械费		人工费	材料费	机械费
4												
5												
6												
7												
8												
9												
10												
11												
12												

单位工程预算汇总表（表2-10）

单位工程预算表　　　　　表2-10

工程名称：幸福花园小区物业楼

序号	定额编号	项目名称	单位	工程量	基价	其中（元）			合价	其中（元）		
						人工费	材料费	机械费		人工费	材料费	机械费
1	A1-1	人工挖土方一、二类土深度（2m以内）	100m³	7.494	716.10	716.10	—	—				
2	A3-1	砖基础水泥砂浆M5（中砂）	10m³	5.502	1726.47	438.40	1258.81	29.26				
3	A3-17换	加气混凝土砌块墙［水泥石灰砂浆M5（中砂）］	10m³	19.965	2063.03	393.20	1660.08	9.75				
4	A4-14换	现浇钢筋混凝土矩形柱C25-40（中砂碎石）	10m³	6.815	2311.01	848.40	1373.26	89.35				
5												
6												
7												
8												
9												
10												
11												
12												
13												
14												

注：该表中的工程量为定额计量单位下表示的工程量。

过程 2.3 概算定额及概算指标的应用

2.3.1 概算定额及概算指标的适用范围

概算定额及概算指标适用于建筑工程的初步设计阶段和技术设计阶段。在工程初步设计阶段依据概算定额进行设计总概算的计算，而在技术设计阶段依据概算定额进行修正总概算的计算。这两阶段所产生的设计总概算和修正总概算将作为控制拟建项目工程造价的最高限额。

2.3.2 概算定额及概算指标的应用

1. 概算定额的应用

用概算定额编制概算的步骤和施工图预算的编制步骤基本相同，需要列项、计算工程量、套用概算定额、进行工料分析、计算直接费用。

（1）概算的列项。

概算的所列项目是根据施工图和概算定额确定的，所以在列项之前应熟悉概算定额项目划分的具体情况。一般概算定额的分部工程是按照建筑物的结构部位确定的，各分部工程中的概算定额项目，一般由几个预算定额的项目综合而成。

例如，某地区建筑工程概算定额划分为十个分部工程：

1）土石方及基础工程。
2）墙体工程。
3）柱、梁工程。
4）门窗工程。
5）楼地面工程。
6）屋面工程。
7）装饰工程。
8）厂区道路工程。
9）构筑物。
10）其他工程。

（2）工程量计算。

概算的工程量计算同样也是必须依据概算定额规定的工程量计算规则来进行。概算定额的工程量计算规则不同于预算定额的工程量计算规则，它比预算定额规定得更加综合。

应用概算定额规则时应注意：

1）符合概算定额规定的应用范围。
2）工程内容、计量单位及综合程度应与概算定额一致。

3) 相关项目必要的调整和换算应严格按定额的文字说明和附录进行。
4) 工程量计算应尽量准确，避免重复计算和漏项。

（3）套用定额，计算直接费。

（4）依据计算的工程量，进行工料分析。

2. 概算指标的应用

应用概算指标编制概算的关键问题是要选择合理的概算指标，对拟建工程选用比较合理的概算指标，应注意符合以下几个条件：

（1）拟建工程的建设地点与概算指标中的工程地点在同一地区（如不在同一地区，需调整地区工资类别和地区材料预算价格）。

（2）拟建工程的各种特征应与概算指标中工程的各种特征基本相同。

（3）拟建工程的建筑面积与概算指标中的建筑面积较接近。

复习思考题

1. 简述施工定额的适用范围。
2. 预算定额有几种换算形式？各种换算形式的换算有哪些特点？
3. 简述预算定额定额基价表中的定额基价与人工费、材料费、机械费的关系。
4. 简述预算定额可以直接套用的前提条件。
5. 简述预算定额需要换算套用的前提条件。
6. 应用概算定额时应注意哪些方面？

项目实训 1　单位工程预算表填制

任务：某省幸福花园小区物业楼项目，预算员依据规则计算出以下工程量，见表 2-11 所列。试根据某省预算定额在表 2-16 中填报出各分项工程的定额编号、计量单位、定额基价、人工费、材料费、机械费。

物业楼工程量表　　　　　　　　　　表 2-11

工程名称：幸福花园小区物业楼

序号	定额编号	项目名称	单位	工程量	定额基价	基价中（元）		
						人工费	材料费	机械费
1		平整场地	m²	401.1				
2		人工挖土方一、二类土深度（2m 以内）	m³	749.4				
3		人工运土方运距 20m 以内	m³	749.4				
4		回填土，夯填	m³	519.0				
5		砌砖基础	m³	55.02				
6		台阶，砖基层	m²	36.7				
7		加气混凝土砌块墙［水泥石灰砂浆 M5（中砂）］	m³	199.65				

续表

序号	定额编号	项目名称	单位	工程量	定额基价	基价中（元）		
						人工费	材料费	机械费
8		现浇钢筋混凝土带形基础（中砂碎石）C25-40	m³	14.43				
9		现浇混凝土独立基础（中砂碎石）C25-40	m³	99.81				
10		现浇钢筋混凝土矩形柱（中砂碎石）C25-40	m³	68.15				
11		现浇钢筋混凝土矩形柱（中砂碎石）C25-40	m³	10.38				
12		现浇钢筋混凝土单梁（中砂碎石）C25-40	m³	144.82				

物业楼分项工程量按照某省预算定额的规定，查找定额，确定相关项目的定额编号。如经查，平整场地项目的定额编号为：A1-42。将以上信息填入表 2-12 单位工程预算表。

单位工程预算表　　　　　　　　　　　　　　　　表 2-12

工程名称：幸福花园小区物业楼

序号	定额编号	项目名称	单位	工程量	基价	其中（元）			合价	其中（元）		
						人工费	材料费	机械费		人工费	材料费	机械费
1	A1-42	平整场地										
2	A1-1	人工挖土方一、二类土深度（2m以内）										
3	A1-96	人工运土方运距 20m 以内										
4	A1-44	回填土，夯填										
5	A3-1	砌砖基础										
6	A3-33	台阶，砖基层										
7	A3-17	加气混凝土砌块墙［水泥石灰砂浆 M5（中砂）］										
8	A4-3	现浇钢筋混凝土带形基础（中砂碎石）C25-40										
9	A4-5	现浇混凝土独立基础（中砂碎石）C25-40										
10	A4-14	现浇钢筋混凝土矩形柱（中砂碎石）C25-40										
11	A4-14	现浇钢筋混凝土矩形柱（中砂碎石）C25-40										
12	A4-19	现浇钢筋混凝土单梁（中砂碎石）C25-40										

任务 2　定额的使用

物业楼分项工程量按照某省预算定额的规定,依据确定的定额编号,填写定额的计量单位。如平整场地的定额的计量单位为:100m²。将以上信息填入表2-13单位工程预算表。

单位工程预算表　　　　　表2-13

工程名称:幸福花园小区物业楼

序号	定额编号	项目名称	单位	工程量	基价	其中(元)			合价	其中(元)		
						人工费	材料费	机械费		人工费	材料费	机械费
1	A1-42	平整场地	100m²									
2	A1-1	人工挖土方一、二类土深度(2m以内)	100m³									
3	A1-96	人工运土方运距20m以内	100m³									
4	A1-44	回填土,夯填	100m³									
5	A3-1	砌砖基础	10m³									
6	A3-33	台阶,砖基层	100m²									
7	A3-17	加气混凝土砌块墙[水泥石灰砂浆M5(中砂)]	10m³									
8	A4-3	现浇钢筋混凝土带形基础(中砂碎石)C25-40	10m³									
9	A4-5	现浇混凝土独立基础(中砂碎石)C25-40	10m³									
10	A4-14	现浇钢筋混凝土矩形柱(中砂碎石)C25-40	10m³									
11	A4-14	现浇钢筋混凝土矩形柱(中砂碎石)C25-40	10m³									
12	A4-19	现浇钢筋混凝土单梁(中砂碎石)C25-40	10m³									

物业楼分项工程量按照某省预算定额的规定,依据确定的定额编号及计量单位,填写定额计价模式下的工程量。如平整场地的工程量为:4.011。将以上信息填入表2-14单位工程预算表。

单位工程预算表　　　　　　　　　　　　　　　　表 2-14

工程名称：幸福花园小区物业楼

序号	定额编号	项目名称	单位	工程量	基价	其中（元）			合价	其中（元）		
						人工费	材料费	机械费		人工费	材料费	机械费
1	A1-42	平整场地	100m²	4.011								
2	A1-1	人工挖土方一、二类土深度（2m以内）	100m³	7.494								
3	A1-96	人工运土方运距20m以内	100m³	7.494								
4	A1-44	回填土，夯填	100m³	5.190								
5	A3-1	砌砖基础	10m³	5.502								
6	A3-33	台阶，砖基层	100m²	0.367								
7	A3-17	加气混凝土砌块墙［水泥石灰砂浆 M5（中砂）］	10m³	19.965								
8	A4-3	现浇钢筋混凝土带形基础（中砂碎石）C25-40	10m³	1.443								
9	A4-5	现浇混凝土独立基础（中砂碎石）C25-40	10m³	9.981								
10	A4-14	现浇钢筋混凝土矩形柱（中砂碎石）C25-40	10m³	6.815								
11	A4-14	现浇钢筋混凝土矩形柱（中砂碎石）C25-40	10m³	1.038								
12	A4-19	现浇钢筋混凝土单梁（中砂碎石）C25-40	10m³	14.482								

按照某省定额的规定，可以直接套用定额基价、人工费、材料费、机械费的项目有：平整场地，人工挖土方一、二类土深度（2m以内），回填土、夯填，砌砖基础等。具体见表 2-15 所列。

单位工程预算表　　　　　　　　　　　　　　　　表 2-15

工程名称：幸福花园小区物业楼

序号	定额编号	项目名称	单位	工程量	基价	其中（元）			合价	其中（元）		
						人工费	材料费	机械费		人工费	材料费	机械费
1	A1-42	平整场地	100m²	4.011	91.20							
2	A1-1	人工挖土方一、二类土深度（2m以内）	100m³	7.494	716.10	716.10	—	—				

续表

序号	定额编号	项目名称	单位	工程量	基价	其中（元）			合价	其中（元）		
						人工费	材料费	机械费		人工费	材料费	机械费
3	A1-96	人工运土方运距20m以内	100m³	7.494	590.10	590.10	—	—				
4	A1-44	回填土，夯填	100m³	5.190	1038.03	850.50	—	187.53				
5	A3-1	砌砖基础	10m³	5.502	1726.47	438.40	1258.81	29.26				
6	A3-33	台阶，砖基层	100m²	0.367	9053.32	4447.20	4494.25	111.87				
7	A3-17	加气混凝土砌块墙[水泥石灰砂浆M5（中砂）]	10m³	19.965								
8	A4-3	现浇钢筋混凝土带形基础（中砂碎石）C25-40	10m³	1.443								
9	A4-5	现浇混凝土独立基础（中砂碎石）C25-40	10m³	9.981								
10	A4-14	现浇钢筋混凝土矩形柱（中砂碎石）C25-40	10m³	6.815								
11	A4-14	现浇钢筋混凝土矩形柱（中砂碎石）C25-40	10m³	1.038								
12	A4-19	现浇钢筋混凝土单梁（中砂碎石）C25-40	10m³	14.482								

按照某省定额的规定，需要换算相应的定额信息后的定额基价、人工费、材料费、机械费的项目有：加气混凝土砌块墙[水泥石灰砂浆M5（中砂）]、现浇钢筋混凝土带形基础（中砂碎石）C25-40、现浇混凝土独立基础（中砂碎石）C25-40等。具体见表2-16所列。

单位工程预算表　　　　　　　　表2-16

工程名称：幸福花园小区物业楼

序号	定额编号	项目名称	单位	工程量	基价	其中（元）			合价	其中（元）		
						人工费	材料费	机械费		人工费	材料费	机械费
1	A1-42	平整场地	100m²	4.011								
2	A1-1	人工挖土方一、二类土深度（2m以内）	100m³	7.494								
3	A1-96	人工运土方运距20m以内	100m³	7.494								

续表

序号	定额编号	项目名称	单位	工程量	基价	其中（元）			合价	其中（元）		
						人工费	材料费	机械费		人工费	材料费	机械费
4	A1-44	回填土，夯填	100m³	5.190								
5	A3-1	砌砖基础	10m³	5.502								
6	A3-33	台阶，砖基层	100m²	0.367								
7	A3-17换	加气混凝土砌块墙［水泥石灰砂浆 M5（中砂）］	10m³	19.965	2063.03	393.20	1660.08	9.75				
8	A4-3换	现浇钢筋混凝土带形基础（中砂碎石）C25-40	10m³	1.443	1895.55	374.40	1368.30	152.85				
9	A4-5换	现浇混凝土独立基础（中砂碎石）C25-40	10m³	9.981	1936.09	412.80	1370.44	152.85				
10	A4-14换	现浇钢筋混凝土矩形柱（中砂碎石）C25-40	10m³	6.815	2311.01	848.40	1373.26	89.35				
11	A4-14换	现浇钢筋混凝土矩形柱（中砂碎石）C25-40	10m³	1.038	2311.01	848.40	1373.26	89.35				
12	A4-19换	现浇钢筋混凝土单梁（中砂碎石）C25-40	10m³	14.482	2055.02	600.40	1365.98	88.64				

单位工程预算汇总表（表 2-17）

单位工程预算表　　　　　　　　　表 2-17

工程名称：幸福花园小区物业楼

序号	定额编号	项目名称	单位	工程量	基价	其中（元）			合价	其中（元）		
						人工费	材料费	机械费		人工费	材料费	机械费
1	A1-42	平整场地	100m²	4.011	91.20							
2	A1-1	人工挖土方一、二类土深度（2m以内）	100m³	7.494	716.10	716.10	—					
3	A1-96	人工运土方运距20m以内	100m³	7.494	590.10	590.10						
4	A1-44	回填土，夯填	100m³	5.190	1038.03	850.50	—	187.53				
5	A3-1	砌砖基础	10m³	5.502	1726.47	438.40	1258.81	29.26				
6	A3-33	台阶，砖基层	100m²	0.367	9053.32	4447.20	4494.25	111.87				
7	A3-17换	加气混凝土砌块墙［水泥石灰砂浆 M5（中砂）］	10m³	19.965	2063.03	393.20	1660.08	9.75				

续表

序号	定额编号	项目名称	单位	工程量	基价	其中（元）			合价	其中（元）		
						人工费	材料费	机械费		人工费	材料费	机械费
8	A4-3 换	现浇钢筋混凝土带形基础（中砂碎石）C25-40	10m³	1.443	1895.55	374.40	1368.30	152.85				
9	A4-5 换	现浇混凝土独立基础（中砂碎石）C25-40	10m³	9.981	1936.09	412.80	1370.44	152.85				
10	A4-14 换	现浇钢筋混凝土矩形柱（中砂碎石）C25-40	10m³	6.815	2311.01	848.40	1373.26	89.35				
11	A4-14 换	现浇钢筋混凝土矩形柱（中砂碎石）C25-40	10m³	1.038	2311.01	848.40	1373.26	89.35				
12	A4-19 换	现浇钢筋混凝土单梁（中砂碎石）C25-40	10m³	14.482	2055.02	600.40	1365.98	88.64				

任务 3
建筑工程计价基本理论

过程 3.1　建筑工程造价概述

建筑业是国民经济中一个独立的生产部门,建筑工程既然是建筑业生产的产品,那么就需要计算价格,建筑工程预算就是对建筑工程这种产品在施工之前预先计算出其价格。

直接准确确定一个尚不存在的建筑工程的价格是有很大难度的。为了计价,我们需要研究生产产品的过程(即建筑工程施工过程)。通过对建筑产品的生产过程进行研究,我们发现,任何一种建筑工程产品的生产总是消耗了一定的人工、材料和机械。因此,我们转而研究生产这种产品所消耗的人工、材料和机械,通过确定生产产品直接消耗掉的人工、材料和机械的数量,计算出对应的人工费、材料费和机械费,进而在人工费、材料费和机械费的基础上计算出建筑工程这种产品的价格,这就是我们所说的建筑工程计量与计价。

3.1.1　工程建设
1. 工程建设的含义

工程建设是指人们用各种施工机具、机械设备对各种建筑材料等进行建造和安装,使之成为固定资产的过程,包括固定资产的更新、改建、扩建和新建。与此相关的工作,如征用土地、勘察设计等,也属于工程建设的内容。

所谓固定资产,是指在生产和消费领域中实际发挥效能并长期使用着的劳动资料和消费资料,是使用年限在一年以上,且单位价值在规定限额以上的一种物质财富。

2. 工程建设项目的划分

工程建设项目是一个有机的整体,为了建设项目的科学管理和经济核算,将建设项目由大到小划分为建设项目、单项工程、单位工程、分部工程和分项工程。

(1) 建设项目

建设项目是指按一个总体设计进行施工的一个或几个单项工程的总和。建设项目在行政上具有独立的组织形式,经济上实行独立核算。例如,新建一个工厂、一所学校、一个住宅小区等,都可称为一个建设项目。一个建设项目一般由若干个单项工程组成,特殊情况下也可以只包含一个单项工程。

(2) 单项工程

单项工程是指具有独立的设计文件,竣工后可以独立发挥生产设计能力或效益的工程。例如,学校的图书馆。一个建设项目如果只包括一个单项工程,这个单项工程也可以称为建设项目。一个单项工程一般由若干个单位工程组成。

(3) 单位工程

单位工程是指不能独立发挥生产能力或效益但具有独立设计的施工图,可以独立组织施工的工程。例如,学校的图书馆中的土建工程、装饰工程。一个单位工程一般由若干个分部工程组成。

(4) 分部工程

分部工程是单位工程的组成部分,它是按照单位工程的部位或工种划分的部分工程。例如,装饰工程中的楼地面工程、墙柱面工程、顶棚工程等。一个分部工程一般由若干个分项工程所组成。

(5) 分项工程

分项工程是建筑工程的基本构成单元,通过较为简单的施工过程就能完成。例如,楼地面工程中的水泥砂浆楼地面、大理石楼地面等。

3. 工程建设的内容

工程建设一般包括以下四个部分的内容:建筑工程,设备安装工程,设备、工器具及生产家具的购置,其他工程建设工作。

(1) 建筑工程

建筑工程是指永久性和临时性的建筑物、构筑物的土建、装饰、供暖、通风、给水排水、照明工程;动力、电信导线的敷设工程;设备基础、工业炉砌筑、厂区竖向布置工程;水利工程和其他特殊工程等。

(2) 设备安装工程

设备安装工程是指动力、电信、起重、运输、医疗、实验等设备的装配、安装工程;附属于被安装设备的管线敷设、金属支架、梯台和有关保温、油漆、测试、试车等工作。

(3) 设备、工器具及生产家具的购置

设备、工器具及生产家具的购置是指车间、实验室等所应配备的，符合固定资产条件的各种工具、器具、仪器及生产家具的购置。

(4) 其他工程建设工作

其他工程建设工作是指在上述内容之外的，在工程建设程序中所发生的工作，如征用土地、拆迁安置、勘察设计、建设单位日常管理和生产职工培训等。

3.1.2 建筑工程造价的概念

建筑工程造价即建筑工程的建造价格，按照计价的范围和内容的不同，工程造价可分为广义的工程造价和狭义的工程造价。

1. 广义的工程造价

是指完成一个建设项目所需固定资产投资费用的总和，包括建筑工程费、设备安装工程费、设备与工器具及生产家具的购置费、其他工程建设费四部分内容。此外，预算虽是预先计算，但也要求反映最终工程的实际费用。因此，在广义的工程造价中，除了考虑上述四项基本静态费用及基本预备费外，还应考虑涨价预备费、建设期贷款利息和固定资产投资方向调节税（按国家有关部门规定，自2000年1月起新发生的投资额，暂停征收）等动态费用。

2. 狭义的工程造价

是指建筑市场上承发包建筑安装工程的价格，即为建成一项工程，预期或实际在建筑市场、技术劳务市场以及承包市场等交易活动中所形成的建筑安装工程的价格和建设工程总价格。这种含义是以市场经济为前提的。它以工程这种特定的商品形式作为交易对象，通过建设工程招投标、承发包或其他交易方式，在进行多次性预计的基础上，最终由市场形成价格。在这里，工程的范围和内涵既可以是涵盖范围很广的大型建设项目，也可以是一个单项工程（如图书馆、办公综合楼等），还可以是一个单位工程（如土建工程、安装工程、装饰工程），或者其中的某几个组成部分（如土方工程、桩基础工程、楼地面工程等）。随着社会和技术的进步，分工的细化和市场的完善，工程建设中的中间产品也会越来越多，建筑产品这个特殊商品交换会更加频繁、复杂，其工程价格的种类和形式也会更加丰富。有的为半成品（如建筑结构），有的为成品（如普通工业厂房、仓库、写字楼、公寓等）；有的为工程一部分（如道路、桥梁或其他基础设施），有的为工程全部（包括建筑、装饰、设备安装及相关辅助工程，甚至包括土地）。

本书主要介绍狭义的工程造价。如果不作特殊说明，本书以下涉及的工程造价均指狭义的工程造价。

3.1.3 建筑工程计价的特点

建筑工程计价是以建设项目、单项工程、单位工程为对象，研究在建设前期、工程实施和工程竣工的全过程中计算工程造价的理论、方法以及工程造价的运动规律的学科。计算工程造价是工程项目建设中的一项重要的技术与经济活动，是工程管理工作中的一个独特的、相对独立的组成部分。工程造价除具有一切商品价值的共有特点外，还具有其自身的特点，即单件性计价、多次性计价和按构件的分部组成计价。

1. 单件性计价

每一项建设工程都有指定的专门用途，所以也就有不同的结构、造型和装饰，不同的体积和面积。即使是用途相同的建设工程，技术水平、建筑等级和建筑标准也有差别。建设工程要采用不同的工艺设备和建筑材料，施工方法、施工机械和技术组织措施等方案的选择也必须结合当地的自然和技术经济条件。这就使建设工程的实物形态千差万别，再加上不同地区构成投资费用的各种价值因素的差别，最终导致工程造价的差别很大。因此，建设工程就不能像普通产品那样成批地定价，只能就各个项目，通过特殊的程序（编制估算、概算、预算、合同价、结算价及最后确定竣工决算价格）等计算工程价格。

2. 多次性计价

建设工程的生产过程是一个周期长、数量大的生产消费工程。包括可行性研究在内的设计过程一般较长，而且要分阶段进行，逐步加深。为了适应建设过程中各方经济关系的建立，适应项目管理、工程造价控制和管理的要求，需要按照设计和建设阶段进行多次计价。

3. 组合性计价

工程建设项目有大、中、小型之分，由建设项目、单项工程、单位工程、分部工程、分项工程组成。其中，分项工程是能用较为简单的施工过程生产出来的、可以用适量的计量单位计量并便于测算其消耗量的工程基本构造要素，也是工程结算中假定的建筑产品。建筑工程具有分部组合计价的特点。计价时，首先要对建设项目进行分解，按构成进行分部计算，并逐层汇总，即以一定方法编制单位工程的计价文件，然后汇总所有各单位工程计价文件，成为单项工程计价文件；再汇总所有各单项工程计价文件，形成一个建设项目建筑安装工程的总计价文件。

3.1.4 建筑工程造价的分类

按照建筑工程设计和施工进展阶段的不同，建筑工程计价可分为建筑工程投资估算、建筑工程设计概算、建筑工程施工图预算、建筑工程施工预算和建筑工程竣工结（决）算。

1. 建筑工程投资估算

建筑工程投资估算是指在项目建议书和可行性研究阶段，由建设单位根据设计任务书的工程规模，并根据概算指标或估算指标、取费标准及有关技术经济资料等，编制的估算建筑工程所需投资额的经济文件。它是建筑工程设计（计划）任务书的主要内容之一，也是审批立项的主要依据。

2. 建筑工程设计概算

建筑工程设计概算是指在初步设计阶段（或扩大初步设计阶段），为确定拟建工程所需的投资额或费用，由设计单位根据拟建工程的初步设计图样（或扩大初步设计图样）、概算定额或概算指标、取费标准及有关技术经济资料等，编制的计算建筑工程所需建设费用的经济文件。它是编制基本建设年度计划、控制工程拨贷款、控制施工图预算的基本依据。

设计概算应该由设计单位负责编制，它包括概算编制说明、工程概算表和主要材料用量汇总表等内容。

采用三阶段设计时，为保证设计概算的编制精度，在技术设计阶段，应对原工程设计概算在工程规模、工艺结构、主要材料及设备类型选用的变化等方面进行修改和变动，形成修正概算。

3. 建筑工程施工图预算

建筑工程施工图预算是指在施工图样设计完成的基础上，由编制单位根据工程设计图样、本地区建筑工程预算（消耗量）定额和工程费用标准、施工方案、工程承发包合同等相关文件，所编制的用来确定单位工程造价的经济文件。它是确定建筑工程招标标底和投标报价、签订工程承发包合同、办理工程款项和实行财务监督的依据。

施工图预算一般由施工单位编制，但建设单位在招投标工程中也可自行编制或委托有关中介咨询机构进行编制，以便作为计算招标标底的依据。施工图预算的内容包括预算书封面、预算编制说明、工程取费表、分项工程预算表、工料汇总表、单位工程价差表和图样会审变更通知等内容。

4. 建筑工程施工预算

建筑工程施工预算是指施工单位在签订工程合同后，根据工程设计图样、施工定额（或企业定额）和有关资料计算出施工期间所应投入的人工、材料、机械台班数量和价格等的一种施工企业内部成本核算的经济文件。它是施工企业加强施工管理、进行工程成本核算、下达施工任务和拟定节约措施的基本依据。

施工预算由施工单位编制，施工预算的内容包括编制说明、工程量计算书、人工材料使用量计算书、"两算对比"和对比结果的整改措施等。

5. 建筑工程竣工结算与竣工决算

建筑工程竣工结算是指施工单位在工程竣工验收后编制的用于确定单位工程最终结算额的经济文件。竣工结算以单位工程施工图预算为基础，补充施工过程中所实际发生的设计变更费用、签证费用、政策性调整费用等内容，由施工单位编制完成后交给投资方（业主）审核确定。

建筑工程竣工决算是指投资方（业主）以单位工程的竣工结算资料为基础，对单位工程建设过程中支出的全部费用额进行最终核算财务费用的清算过程。

竣工结算和竣工决算是考核建筑工程预算完成额和执行情况的最终依据。

综上所述，在工程建设的程序中，经历了估算→概算→修正概算→预算→结算→决算的多次性计价。

3.1.5 建筑工程造价计价方法

工程计价的形式和方法有多种，且各不相同，但工程计价的基本过程和原理是相同的。如果仅从工程费用的计算角度分析，工程计价的顺序是：分部分项工程造价→单位工程造价→单项工程造价→建设项目总造价。而影响建设工程价格的基本要素有两个，即基本构造要素的实物工程量和基本构造要素的单位价格，即通常所说的"量"和"价"。单位价格高，工程造价就高；实物工程量大，工程造价也就大。

不论哪种计价模式，在确定工程造价时，都是先计算工程数量，再计算工程价格。

施工图预算确定工程造价，一般采用以下两种计价方法。

1. 单位估价法

单位估价法是当前普遍采用的方法。该方法根据施工图和预算定额，计算分项工程量、分项工程直接费，将直接费汇总成单位工程直接费后，再根据有关费率计算其他直接费、间接费和利润，根据有关税率计算税金，最后再汇总成单位工程造价。

应用单位估价法编制单位工程造价文件的步骤，如图3-1所示。

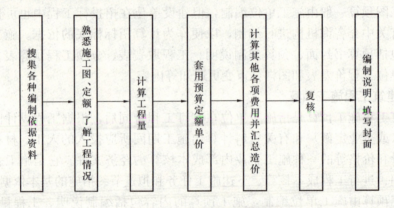

图3-1 单位估价法编制施工图预算步骤

（1）搜集各种编制依据、资料。各种编制依据、资料包括施工图、施工组织设计或施工方案、现行建筑安装工程预算定额（或消耗量定额）、费用定额、预算工作手册、调价规定等。

（2）熟悉施工图、定额，了解现场情况和施工组织设计资料。

1）熟悉施工图和定额。只有对施工图和预算定额（或消耗量定额）有全面详细的了解，才能结合定额项目划分原则，迅速准确地确定分项工程项目并计算出工程量，合理地编制出建筑工程计价文件。

2）了解现场情况和施工组织设计资料。只有对现场施工条件及施工组织设计资料中的施工方法、技术组织进行充分了解，才能正确计算工程量及进行定额套取。

（3）计算工程量。工程量的计算在整个计价过程中是最重要、最繁重的一个环节，是计价工作中的主要部分，直接影响着工程造价的准确性。

（4）套用定额计算预算价格。

1）套用预算单价（即定额基价），用计算得到的分项工程量与相应的预算单价相乘，即为分项工程直接费。其计算公式为：

$$分项工程直接工程费 = 分项工程量 \times 相应预算价格$$

2）将预算表内某一个分部工程中各个分项工程的合价相加，即为分部工程的直接工程费。其计算公式为：

$$分部工程直接工程费 = \Sigma（分项工程量 \times 相应预算价格）$$

3）汇总各分部工程的合计即得到单位工程定额直接工程费。

（5）编制工料分析表。根据各分部分项工程的工程量和定额中相应项目的人工日及材料数量，计算出各分部分项工程所需的人工及材料数量，汇总得出该单位工程所需的人工和材料数量。工料分析是计算材料差价的重要准备工作。将通过工料分析得到的各种材料数量乘以相应的单价差并汇总，即可得到材料总价差。

（6）计算其他各项费用并汇总造价。按照各地规定的费用项目及费率，分别计算出间接费、利润和税金等，并汇总单位工程造价。

（7）复核。复核的内容主要是核查分项工程项目有无漏项或重项；工程量计算公式和结果有无少算、多算或错算；套用定额基价、换算单价或补充单价是否选用合适；各项费用及取费标准是否符合规定，计算基础和计算结果是否正确；材料和人工价格调整是否正确等。

（8）编制说明、填写封面。预算编制说明及封面一般应包括以下内容：
1）施工图名称及编号。
2）所用预算定额及编制年份。
3）费用定额及材料调差的有关文件名称、文号。
4）套用定额及补充单价方面的内容。
5）有哪些遗留项目或暂估项目。
6）封面填写应写明工程名称、工程编号、工程量（建筑面积）、预算总造价及单方造价，编制单位名称及负责人和编制日期、审查单位名称、负责人及审核日期等。

单价法是目前国内编制单位工程计价文件的主要方法，具有计算简便、工作量小和编制速度较快、便于工程造价管理部门统一管理的优点。

2. 实物金额法

当预算定额只有人工、材料、机械台班的消耗量，没有反映货币量（基价）时，就可以采用实物金额法来确定工程造价。

实物金额法的基本方法是：先计算出分项工程的人工、材料、机械台班消耗量，然后汇总成单位工程的消耗量，再以各消耗量分别乘以各自的单价，最终汇总成直接费，再根据有关费率计算其他直接费、间接费和利润，根据有关税率计算税金，最后再汇总成单位工程造价。

过程 3.2　建筑工程造价组成

建筑工程造价即建筑工程的建造价格，由直接费、间接费、利润和税金四部分组成。

3.2.1 直接费

由直接工程费和措施费组成。

1. 直接工程费

是指施工过程中耗费的构成工程实体的各项费用,包括人工费、材料费、施工机械使用费。

(1) 人工费。人工费是指直接从事建筑装饰工程施工的生产工人开支的各项费用,内容包括:

1) 基本工资。发放给生产工人的基本工资。

2) 工资性津贴。按规定标准发放的物价补贴,煤、燃气补贴,交通补贴,住房补贴,流动施工津贴等。

3) 辅助工资。生产工人年有效施工天数以外非作业天数的工资,因气候影响的停工工资,女工哺乳时间的工资,病假在六个月以内的工资,也包括职工学习、培训期间的工资。

4) 职工福利费。按财务制度规定计算提取的职工福利费。

5) 劳动保护费。按规定标准发放的劳动保护用品的购置费及修理费,徒工服装补贴,防暑降温费,在有碍身体健康环境中施工的保健费等。

(2) 材料费。材料费是指施工过程中消耗的构成工程实体的原材料、辅助材料的费用。

1) 材料平均原价(或供应价格)。

2) 材料运杂费。材料自来源地运至工地仓库或指定堆放地点所发生的全部费用。

3) 运输损耗费。材料在运输装卸过程中不可避免的损耗发生的费用。

4) 采购及保管费。在组织采购、供应和保管材料过程中所需要的各项费用,包括采购费、仓储费、工地保管、仓储损耗费用。

5) 检验试验费。对建筑材料、构件进行一般鉴定、检查所发生的费用。包括自设实验室进行试验所耗用的材料和化学药品等费用,不包括新结构、新材料的试验费和建设构配件、零件、半成品的费用。检验试验费内容包括:施工单位对具有出厂合格证明的材料进行检验,对构件做破坏性试验及其他特殊要求检验试验的费用。

(3) 施工机械使用费。施工机械使用费是指施工机械作业所发生的机械使用费以及机械安拆费和场外运输费。施工机械台班单价应由下列内容组成:

1) 折旧费。施工机械在规定的使用年限内,陆续收回其原值的费用及支付贷款利息的费用。

2) 大修理费。施工机械按规定的大修理间隔台班进行必要的大修理发生的费用以及恢复其正常功能所需的费用。

3) 经常修理费。施工机械除大修理以外的各级保养和临时故障排除所需的费用。包括为保障机械正常运转所需替换设备与随机配备工具的摊销和维护费用、机械运转及日常保养所需润滑与擦拭的材料费用、机械停滞期间的维护和保养费用等。

4) 安拆费及场外运输费。安拆费指施工机械在现场进行安装与拆卸所需的人工、材料、机械和试运转费用以及机械辅助设施的折旧、搭设、拆除等费用；场外运输费指施工机械整体或分体自停放地点运至施工现场或由某一施工地点运至另一施工地点的运输、装卸、辅助材料及架线等费用。

5) 操作人工费。机上司机（司炉）和其他操作人员的工作日人工费及上述人员在施工机械规定的年工作台班以外的人工费。

6) 燃料动力费。施工机械在运转作业中所消耗的固体燃料（煤、木柴）、液体燃料（汽油、柴油）及水、电等费用。

7) 养路费及车船使用税。施工机械按照国家规定和有关部门规定应缴纳的养路费、车船使用税、保险费及年检费等。

2. 措施费

措施费是指为完成工程项目施工，发生于该工程施工前和施工过程中非工程实体项目的费用。分为可竞争措施项目、不可竞争措施项目。内容包括：

(1) 环境保护费。施工现场为达到环保部门要求所需要的各项费用。

(2) 文明施工费。施工现场文明施工所需要的各项费用。

(3) 安全施工费。施工现场安全施工所需要的各项费用。

(4) 临时设施费。施工企业为进行建筑装饰工程施工所必须搭设的生活和生产用的临时建筑物、构筑物和其他临时设施费用等。

临时设施包括临时宿舍、文化福利及公用事业房屋与构筑物、仓库、办公室以及规定范围内道路、水、电、管线等临时设施。临时设施费中包括临时设施的搭设、维修、拆除费用或摊销费。

(5) 夜间施工增加费。因夜间施工所发生的夜班补助费、夜间施工降效费、夜间施工照明设备摊销及照明用电费用。

(6) 二次搬运费。因施工场地狭小等特殊情况而发生的材料二次搬运费用。

(7) 大型机械进出场及安拆费。大型机械（或特种机械）整体或分体自停放场地运至施工现场或自某一个施工地点运至另一个施工地点，所发生的机械进出场运输转移费用及机械在施工现场安装、拆卸所发生的人工费、材料费、机械费、试运转费和安装所需的辅助设施费用。

(8) 混凝土、钢筋混凝土模板及支架费。混凝土施工过程中需要的各种模板、支架等的支、拆、运输费用及模板、支架摊销费用。

(9) 脚手架费。施工过程中需要的各种脚手架的搭、拆、运输费用及脚手架摊销（或租赁）费用。

(10) 已完工程及设备保护费。竣工验收前或下一道工序施工前，对已完工程及设备进行保护所需的费用。

(11) 施工排水、降水费。为确保工程能在正常条件下施工，采取的各种排水、降水措施发生的各种费用。

(12) 市政工程施工干扰费。市政工程施工中发生的防护、保护措施费。

(13) 其他措施费。装饰工程增加垂直运输机械费、室内空气污染测试费。

3.2.2 间接费

间接费由规费和企业管理费组成。

1. 规费

规费是指当地政府和有关权力部门规定必须缴纳的费用。内容包括：

（1）社会保障费。政府部门和社会保险单位为施工企业职工提供养老保险、医疗保险等保障所发生的费用。

1）养老保险费。企业按国家规定为职工缴纳的基本养老保险费。

2）失业保险费。企业按国家规定为职工缴纳的失业保险费。

3）医疗保险费。企业按国家规定为职工缴纳的基本医疗保险费。

4）生育保险费。企业按国家规定为女职工缴纳的生育保险费。

5）工伤保险。企业按国家规定为职工缴纳的工伤保险费。

（2）住房公积金。企业按国家规定标准为职工缴纳的个人住房公积金。

（3）危险作业意外伤害保险费。按照《中华人民共和国建筑法》规定，企业为从事危险作业的建筑装饰施工人员支付的意外伤害保险费。

（4）工程排污费。施工现场按规定缴纳的工程排污费。

（5）工程定额测定费。按规定支付给工程造价（定额）管理部门的定额测定费。

（6）河道工程修建维护管理费。河道工程的修建维护和管理费用。

（7）职工教育经费。企业为职工学习先进技术和提高文化水平，按职工工资总额计提的费用。

2. 企业管理费

企业管理费是指建筑施工企业组织施工生产和经营管理所需要的费用。内容包括：

（1）管理人员工资。包括管理人员的基本工资、工资性津贴、职工福利费、劳动保护费等费用。

（2）办公费。企业经营管理办公使用的文具、纸张、账本、印刷、书报、会议、水电和集体取暖（包括现场临时宿舍取暖）用煤等费用。

（3）差旅交通费。职工因公出差、调动工作的差旅交通费、住勤补助费、市内交通费和误餐补助费、职工探亲路费、劳动力招募费、离退休与退职职工一次性路费、工伤人员就医路费、工地转移费以及管理部门使用车辆的油料、燃料、养路费及牌照费。

（4）固定资产使用费。企业管理部门和试验单位及所属生产单位使用的属于固定资产的房屋、设备、仪器等的折旧、大修、维修或租赁等费用。

（5）工具用具使用费。企业管理部门使用的不属于固定资产的工具、器具、家具、交通工具和试验、检验、测绘、消防用具等的购置、维修和摊销费。

（6）劳动保险费。由企业支付的离退休职工的异地安家补助费、职工退休金、生病六个月以上人员的工资、职工死亡丧葬补助费、抚恤费、按规定支付给离休干部的各项费用。

（7）工会经费。企业按国家规定按职工工资总额计提的工会经费。

（8）职工教育经费。企业为职工学习先进技术和提高职工文化水平，按职工工资总额计提的职工教育经费。

（9）财产保险费。企业管理财产、车辆等支付的保险费用。

（10）财务费用。企业为筹集资金而发生的各项费用。

（11）税金。企业按规定缴纳的房产税、车船使用税、土地使用税、印花税等。

（12）其他。技术转让费、技术开发费、业务招待费、绿化费、广告费、公证费、法律顾问费、审计费、咨询费等。

3.2.3 利润

利润是指施工企业完成所承包工程获得的盈利。

3.2.4 税金

税金包括按国家现行税法规定的，应计入建筑安装工程造价内的营业税、城市维护建设税及教育费附加等。

过程3.3 建筑工程费用的计取

建筑工程计价分为定额计价和工程量清单计价两种模式。

定额计价是我国长期使用的一种基本方法。它是根据统一的工程量计算规则，利用施工图计算工程量，然后套取定额，确定直接工程费，再根据建筑工程费用定额规定的费用计算程序计算工程造价的方法。

工程量清单计价是国际上通用的方法，也是我国目前广泛推行的先进计价方法。是指由招标人按照国家统一规定的工程量计算规则计算工程数量，由投标人按照企业自身的实力，根据招标人提供的工程数量，自主报价的一种模式。这种计价方法与工程招标活动有着很好的适应性，有利于促进工程招标公平、公正和高效地进行。

3.3.1 定额模式下建筑工程费用的计取

定额计价模式是我国传统的计价模式，在招投标时，不论是作为招标标底还是投标报价，其招标人和投标人都需要按照国家规定的统一工程量计算规则计算工程数量，然后按建设主管部门颁发的预算定额计算工、料、机的费用，再按照有关费用标准计取其他费用，汇总后得到工程造价。

1. 定额模式下的建筑工程造价的组成

定额模式下的建筑工程造价由直接费、间接费、利润和税金组成。如图 3-2 所示。

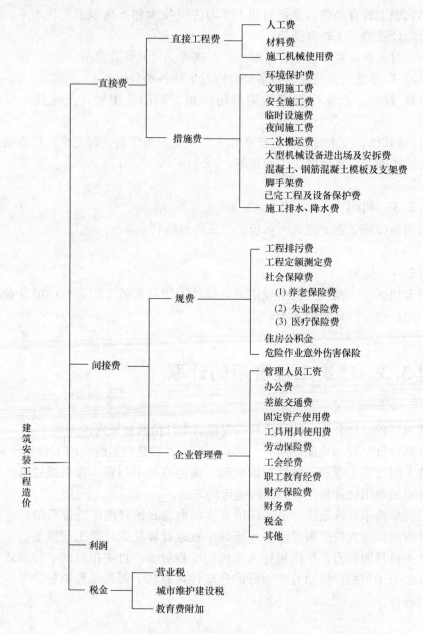

图 3-2　建筑安装工程造价组成示意图

2. 计取方法

定额模式下费用计取的基本思路是先确定工程直接费，再根据程序及费率计算出其他费，从而确定工程造价。具体方法如下：

（1）根据工程量和预算定额确定单位工程的直接费。

其中，工程量的计算要根据施工图纸和施工组织设计等，并按照统一的计算规则来计算；预算定额要根据工程所在地或行业的不同正确选用。

（2）根据取费程序及费率计算出间接费、利润和税金。

预算定额都有与其相配套的取费程序，不同地区、不同时期、不同行业的预算定额配套的取费程序都不相同，为正确计算各种费用，一定要选用与定额相配套的取费程序来进行计费。

相同的取费程序中，根据所建工程类别的不同，取费的费率也不相同，所以为正确计算各种费用，还应准确判断工程的类别，从而确定正确的取费费率，计算出准确的费用。

表 3-1～表 3-5 所列是某省定额模式下（包工包料）计算建筑工程造价的程序、费率和工程类别划分。

建筑工程计价程序表　　　　　　　　　　　　　表 3-1

单位：%

序 号	费用项目	计算方法
1	直接费	—
2	直接费中人工费＋机械费	—
3	企业管理费	（2）×费率
4	利润	（2）×费率
5	规费	（2）×费率
6	价款调整	按合同确认的方式方法计算
7	税金	（1＋3＋4＋5＋6）×费率
8	工程造价	1＋3＋4＋5＋6＋7

一般建筑工程费率（包工包料）　　　　　　　　表 3-2

单位：%

序 号	费用项目	计费基数	费用标准		
			一类工程	二类工程	三类工程
1	直接费	—	—		
2	企业管理费	直接费中人工费＋机械费	30	21	17
3	利润		16	12	8
4	规费		16.6		
5	价款调整		按合同确认的方式方法计算		
6	税金		（1＋2＋3＋4＋5）×3.45%（3.38%、3.25%）		

注：适用于工业与民用的新建、改建、扩建的各类建筑物、构筑物、厂区道路、设备基础等的单位工程。

建筑工程土石方、建筑物超高、垂直运输、特大型机械场外运输及一次安装拆费率

表 3-3

单位:%

序号	费用项目	计费基数	费用标准		
			一类工程	二类工程	三类工程
1	直接费	—	—		
2	企业管理费	直接费中人工费+机械费	4		
3	利润		3		
4	规费		5		
5	价款调整	按合同确认的方式方法计算			
6	税金	(1+2+3+4+5)×3.45%(3.38%、3.25%)			

注:适用于工业与民用建筑工程的土石方(含厂区道路土方)、建筑物超高、垂直运输、特大型机械场外运输及一次安装拆等工程项目。

桩基础工程费率

表 3-4

单位:%

序号	费用项目	计费基数	费用标准	
			一类工程	二类工程三类工程
1	直接费	—	—	
2	企业管理费	直接费中人工费+机械费	9	7
3	利润		7	7
4	规费		12	
5	价款调整	按合同确认的方式方法计算		
6	税金	(1+2+3+4+5)×3.45%(3.38%、3.25%)		

注:适用于工业与民用建筑中现场灌注桩、预制钢筋混凝土桩。不论其独立承担与否,均执行桩基础费率。

一般建设工程类别划分标准表

表 3-5

项目			一类	二类	三类
工业建筑	单层	檐高	≥20m	≥12m	<12m
		跨度	≥24m	≥15m	<15m
	多层	檐高	≥24m	≥12m	<12m
		建筑面积	≥6000m²	≥3000m²	<3000m²
民用建筑	公共建筑	檐高	≥36m	≥20m	<20m
		建筑面积	≥7000m²	≥4000m²	<4000m²
		跨度	≥30m	≥15m	<15m
	住宅及其他民用建筑	檐高	≥38m	≥20m	<20m
		层数	≥13层	≥7层	<7层

续表

项　目			一类	二类	三类
构筑物	水塔（水箱）	高度	≥75m	≥35m	<35m
		吨位	≥150m³	≥75m³	<75m³
	烟囱	高度	≥100m	≥50m	<50m
	贮仓	高度	≥30m	≥15m	<15m
		容积	≥600m³	≥300m³	<300m³
	贮水（油）池容积		≥2000m³	≥1000m³	<1000m³
	沉井、沉箱		执行一类		
	围墙、砖地沟、室外工程				执行三类

3. 确定工程造价

工程造价＝直接费＋企业管理费＋利润＋规费＋价款调整＋税金

3.3.2 清单模式下建筑工程费用的计取

工程量清单计价，是在建设工程招标中，招标人或委托具有资质的中介机构编制工程量清单，并作为招标文件的一部分提供给投标人，由投标人依据工程量清单进行自主报价，经评审合理低价中标的一种计价方式。在工程投标中采用工程量清单计价是国际上较为通行的做法。

1. 清单模式下的建筑工程造价的组成

清单模式下的建筑工程造价由分部分项工程费、措施项目费、其他项目费、规费和税金组成，如图 3-3 所示。

2. 计取方法

工程量清单计价采用综合单价计价，综合单价计价是有别于现行定额工料单价计价程序的另一种单价计价方式。包括完成规定计量单位、合格产品所需的全部费用，它是有别于预算定额计价的另一种确定单价的方式。考虑到我国的实际情况，综合单价包括除规费、税金之外的全部费用。具体方法是：

（1）根据清单工程量和综合基价确定分部分项工程费、措施项目费和其他项目费。

清单工程量由招标人提供；综合单价指完成规定计量单位项目所需的人工费、材料费、机械使用费、管理费、利润以及一定范围内的风险费用等。即综合单价包括除规费和税金以外的全部费用。

（2）按规定的费率计取规费和税金。

规费是指当地政府和有关权力部门规定必须缴纳的费用。工程所在地不同，规费所包含的项目内容和费率也不同。

（3）清单模式下建筑工程费用计取方法，见表 3-6 所列。

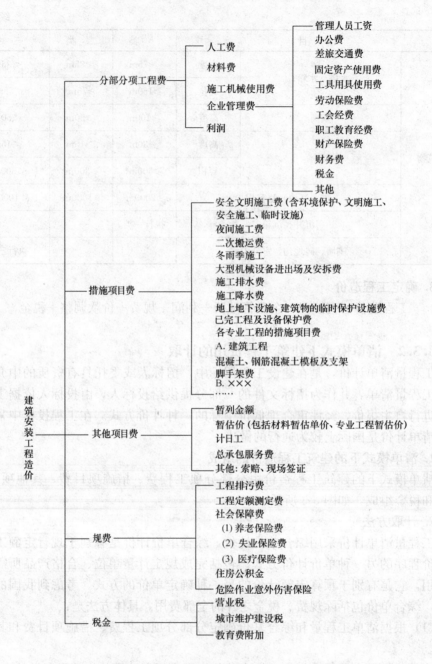

图 3-3 工程量清单计价的建筑安装工程造价组成示意图

建筑工程费用计算程序表　　　　表 3-6

单位：%

序　号	费　用　名　称	计　算　方　法
1	分部分项工程费	—
2	措施项目费	—

续表

序号	费用名称	计算方法
3	其他项目费	—
4	规费	（1+2+3）×费率
5	税金	（1+2+3+4）×费率
	工程造价	1+2+3+4+5

3. 确定工程造价

工程造价＝分部分项工程费＋措施项目费＋其他项目费＋规费＋税金

复习思考题

1. 举例说明工程建设项目的划分。
2. 简述工程计价的特点。
3. 简述工程计价的两种含义。
4. 简述单价法编制施工图预算的步骤，并指出单价法和实物法的区别。
5. 分别列出定额计价模式下和清单计价模式下费用构成的数学式。
6. 详述清单计价模式下，综合单价的组成。

任务 4

建筑工程定额模式下的计价方法

定额计价是我国长期使用的一种基本方法，它是根据统一的工程量计算规则，利用施工图计算工程量，然后套用定额，确定直接费，再根据建筑工程费用定额规定的费用计算程序计算工程造价的方法。其格式包括：

(1) 封面
(2) 总说明
(3) 单位工程造价汇总表
(4) 单位工程费用汇总表
(5) 单位工程预算表
(6) 人工、材料、机械台班（用量、单价）汇总表

过程 4.1　直接费计取

直接费由直接工程费和措施费组成。

4.1.1　直接工程费计取

直接工程费的计取过程即单位工程预算表的填写过程。

表 4-1 为某省建筑工程定额砌筑工程分部的加气混凝土砌块墙分项工程定额项目表。

单位工程预算表（部分）　　　　　　表 4-1

工程名称：幸福花园小区物业楼

序号	定额编号	项目名称	单位	工程量	基价	其中（元）			合价	其中（元）		
						人工费	材料费	机械费		人工费	材料费	机械费
	A3—17换	加气混凝土砌块墙［水泥石灰砂浆M5（中砂）］	10m³									

第一步：填写工程名称，套用定额、单位。

该省金地小区物业楼工程，墙体为加气混凝土砌块墙，M5（中砂）水泥石灰砂浆砌筑。

工程名称：幸福花园小区物业楼

项目名称：加气混凝土，砌块墙，M5（中砂）水泥石灰砂浆

定额编号：A3—17换（按任务 2 相关章节进行定额换算）

计量单位：10m³

将相关信息填入表 4-2 相应栏内。

单位工程预算表　　　　　　表 4-2

工程名称：幸福花园小区物业楼

序号	定额编号	项目名称	单位	工程量	基价	其中（元）			合价	其中（元）		
						人工费	材料费	机械费		人工费	材料费	机械费
	A3—17换	加气混凝土砌块墙［水泥石灰砂浆M5（中砂）］	10m³		2063.09	393.2	1660.14	9.75				

第二步：填写工程量，计算合价、人工费、材料费、机械费。

按工程所在省工程量计算规则计算的砌体工程量为 119.25m³，定额的计量单位为 10m³。

工程量：119.25÷10＝11.925（将工程量 11.925 填入表 4-3 工程量栏内）

合价：直接工程费＝分项工程量×定额基价

其中：

人工费＝分项工程量×定额基价中人工费基价

材料费＝分项工程量×定额基价中材料费基价

机械费＝分项工程量×定额基价中机械费基价

直接工程费＝11.925×2063.09＝24602.35 元

人工费＝11.925×393.2＝4688.91 元

材料费＝11.925×1660.14＝19797.17 元

机械费＝11.925×9.75＝116.27 元

将以上计算结果分别填入表中的合价、人工费、材料费、机械费栏内（表 4-3）。

单位工程预算表　　　　　　　表 4-3

工程名称：幸福花园小区物业楼

序号	定额编号	项目名称	单位	工程量	基价	其中（元）			合价	其中（元）		
						人工费	材料费	机械费		人工费	材料费	机械费
	A3－17换	加气混凝土砌块墙[水泥石灰砂浆M5(中砂)]	10m³	11.925	2063.09	393.2	1660.14	9.75	24602.35	4689.91	19797.17	116.27

按以上方法，可计算出砌筑工程分部中所有分项工程的直接工程费、人工费、材料费和机械费。该工程砌筑分部定额直接费，见表 4-4 所列。

单位工程预算表 表4-4

工程名称：幸福花园小区物业楼

序号	定额编号	项目名称	单位	数量	单价	合价	其中（元）		
							人工费	材料费	机械费
		砌筑分部							
	A3—1	砌砖基础	10m³	5.502	1726.47	9499.04	2412.08	6925.97	160.99
	A3—33	台阶，砖基层	100m²水平投影面	0.367	9053.32	3322.57	1632.12	1649.39	41.06
	A3—17换	加气混凝土砌块墙［水泥石灰砂浆 M5（中砂）］	10m³	19.965	2063.09	41189.60	7850.24	33144.70	194.66
	A3—17换	加气混凝土砌块墙［水泥石灰砂浆 M5（中砂）］	10m³	11.925	2063.09	24602.35	4688.91	19797.17	116.27
		小计				78613.56	16583.35	61517.23	512.98

4.1.2 措施费计取

按某省定额计算规则和费用计取方法，措施费计取分两种：

（1）可竞争项目中技术措施费的计算与工程直接费计算方法一致，如模板工程。填写方式与4.1.1实体项目相同（表4-5）。

单位工程预算表（部分） 表4-5

序号	定额编号	项目名称	单位	工程量	基价	其中（元）			合价	其中（元）		
						人工费	材料费	机械费		人工费	材料费	机械费

第一步：填写工程名称、套用定额、单位。

工程名称：幸福花园小区物业楼

定额编号：A12—22

项目名称：现浇矩形柱模板

计量单位：100m²

将相关信息填入表 4-6 相应栏内。

单位工程预算表（部分） 表 4-6

工程名称：幸福花园小区物业楼

序号	定额编号	项目名称	单位	工程量	基价	其中（元）			合价	其中（元）		
						人工费	材料费	机械费		人工费	材料费	机械费
	A12—22	现浇矩形柱模板	100m²		3055.39	1386	1468.94	200.45				

第二步，填写工程量，计算合价、人工费、材料费、机械费。

按工程所在省工程量计算规则计算的现浇矩形柱模板工程量为 564.5m²，定额的计量单位为 100m²，

工程量：564.5÷100＝5.645（将工程量 5.645 填入表 4-7 工程量栏内）

合价：直接工程费＝分项工程量×定额基价

其中：

人工费＝分项工程量×定额基价中人工费基价

材料费＝分项工程量×定额基价中材料费基价

机械费＝分项工程量×定额基价中机械费基价

直接工程费＝5.645×3055.39＝17247.68 元

人工费＝5.645×1386＝7823.97 元

材料费＝5.645×1468.94＝8292.17 元

机械费＝5.645×200.45＝1131.54 元

将以上计算结果分别填入表中的合价、人工费、材料费、机械费栏内（表 4-7）。

单位工程预算表（部分）　　　　　表 4-7

工程名称：幸福花园小区物业楼

序号	定额编号	项目名称	单位	工程量	基价	其中（元）			合价	其中（元）		
						人工费	材料费	机械费		人工费	材料费	机械费
	A12-22	现浇矩形柱模板	100m²	5.645	3055.39	1386	1468.94	200.45	17247.68	7823.97	8292.17	1131.54

按以上方法，可计算出脚手架和模板工程分部中所有分项工程的直接工程费、人工费、材料费和机械费，见表 4-8 所列。

单位工程预算表　　　　　表 4-8

工程名称：幸福花园小区物业楼

序号	定额编号	项目名称	单位	数量	单价	合价	其中（元）		
							人工费	材料费	机械费
		措施部分							
	A12-10	现浇混凝土基础垫层模板	100m²	0.422	2846.14	1201.07	183.32	996.95	20.80
	A12-22	现浇矩形柱模板	100m²	5.645	3055.39	17247.68	7823.97	8292.17	1131.54
	A12-25	现浇柱支撑高度超过 3.6m 每增加 1m 模板	100m²	0.430	177.49	76.32	45.75	26.81	3.76
	A12-27	现浇单梁连续梁模板	100m²	11.205	3061.91	34308.70	16592.36	15139.75	2576.59
	A12-28	现浇异形梁模板	100m²	1.241	6179.46	7668.71	2273.02	5210.82	184.87
	A12-29	现浇直形圈梁模板	100m²	0.245	2518.60	617.06	298.90	293.83	24.33
	A12-31	现浇过梁模板	100m²	1.153	5186.16	5979.64	2284.78	3487.47	207.39

续表

序号	定额编号	项目名称	单位	数量	单价	合价	其中（元）		
							人工费	材料费	机械费
	A12-37	现浇梁支撑高度超过3.6m每超过1m模板	100m²	3.116	288.36	898.53	605.75	185.09	107.69
	A12-4	现浇钢筋混凝土（无梁式）带形基础模板	100m²	0.345	2920.74	1007.65	371.91	527.31	108.43
	A12-45	现浇平板模板	100m²	9.401	2598.18	24425.49	9788.32	12425.68	2211.49
	A12-50	现浇板支撑高度超过3.6m每增加1m模板	100m²	9.401	298.49	2806.10	2083.26	480.20	242.64
	A12-52	现浇整体楼梯模板	10m²投影面积	5.859	1107.20	6487.09	2106.90	4191.65	188.54
	A11-45	多层建筑现浇框架结构（3000m²以内）高度在15m以内综合脚手架	100m²	12.033	1218.20	14658.61	6040.57	7619.54	998.50
		小计				119807.04	51128.47	60563.15	8115.42

（2）不可竞争项目（安全防护、文明施工费）和可竞争性项目中其他措施（施工组织措施）费按规定的计费基础及相应的费率计取，按表4-9的格式填写。

某省不可竞争项目——安全防护、文明施工费计算程序及费率表　　表4-9

项目名称	计算基础	费率（%）	费用金额（元）
直接及技术措施性成本		—	—
其中：人工费	—		
其中：材料费	—		
其中：机械费	—		
安全防护、文明施工费	直接及技术措施性成本中人工费+机械费		
其中：人工费	直接及技术措施性成本中人工费+机械费		
其中：机械费	直接及技术措施性成本中人工费+机械费		

第一步：根据《建筑安装费用组成》，确定计算基础及取费费率，详见表4-10所列。

某省不可竞争项目——安全防护、文明施工费计算程序及费率表　　表 4-10

工程名称：幸福花园小区物业楼

项目名称	计算基础	费率（%）	金额（元）
直接及技术措施性成本	—	100	—
其中：人工费		100	—
其中：材料费		100	—
其中：机械费		100	—
安全防护、文明施工费	直接及技术措施性成本中人工费+机械费	10.900	
其中：人工费	直接及技术措施性成本中人工费+机械费	2.64	
其中：机械费	直接及技术措施性成本中人工费+机械费	0.92	

第二步：计算各项措施费金额。

$$措施费 = （人工费 + 机械费）\times 费率$$

某省幸福花园小区物业楼工程，直接工程费和技术措施费之和为 360850.59 元，其中人工费之和为 106788.91 元，材料费之和为 238806.17 元，机械费之和为 15255.51 元，则按表 4-10 的计算程序及费率，该工程安全防护、文明施工费为：

$$(106788.91 + 15255.51) \times 10.9\% = 13302.84 \text{ 元}$$

其中　人工费为：$(106788.91 + 15255.51) \times 2.64\% = 3221.97$ 元

机械费为：$(106788.91 + 15255.51) \times 0.92\% = 1122.81$ 元

将相关信息填入表 4-11。

不可竞争项目——安全防护、文明施工费计算表　　表 4-11

工程名称：幸福花园小区物业楼

项目名称	计算基础	费率（%）	费用金额（元）
直接及技术措施性成本	360850.59	100	360850.59
其中：人工费	106788.91	100	106788.91
其中：材料费	238806.17	100	238806.17
其中：机械费	15255.51	100	15255.51
安全防护、文明施工费	直接及技术措施性成本中人工费+机械费	10.900	13302.84
其中：人工费	直接及技术措施性成本中人工费+机械费	2.64	3221.97
其中：机械费	直接及技术措施性成本中人工费+机械费	0.92	1122.81

按同样的程序和规定的费率计算某省幸福花园小区物业楼可竞争项目中其他措施（施工组织措施）费如下（表 4-12）。

施工组织措施费计算表　　　　　　　　　　　表 4-12

工程名称：幸福花园小区物业楼

项目名称	计算基础	费率（%）	费用金额（元）
直接及技术措施性成本	360850.59	100	360850.59
其中：人工费	106788.91	100	106788.91
其中：材料费	238806.17	100	238806.17
其中：机械费	15255.51	100	15255.51
施工组织措施费	直接及技术措施性成本中人工费+机械费	10.56	12887.89
其中：人工费	直接及技术措施性成本中人工费+机械费	3.67	4479.03
其中：机械费	直接及技术措施性成本中人工费+机械费	2.91	3551.49

过程 4.2　间接费计取

间接费按规定的计算基础及费率计取。

某省间接费计算程序及三类工程的间接费费率，见表 4-13 所列。

间接费计算表　　　　　　　　　　　表 4-13

项目名称	计算基础	费率（%）	费用金额（元）
取费基数	直接费中人工费+机械费	100.000	
企业管理费	直接费中人工费+机械费	17.000	
规费	直接费中人工费+机械费	16.600	

根据表 4-11、表 4-12，幸福花园小区物业楼直接费中：

人工费之和=106788.91+3221.97+4479.03=114489.91 元

机械费之和=15255.51+1122.81+3551.49=19929.81 元

人工费+机械费=134419.72 元

则幸福花园小区物业楼的间接费为：

企业管理费=134419.72×17%=22851.35 元

规费=134419.72×16.6%=22313.67 元

将计算结果填入表 4-14。

间接费计算表　　　　　　　　　　　表 4-14

工程名称：幸福花园小区物业楼

项目名称	计算基础	费率（%）	费用金额（元）
取费基数	134419.72	100.000	134419.72
企业管理费	134419.72	17.000	22851.35
规费	134419.72	16.600	22313.67

过程 4.3 其他费用计取

4.3.1 利润计取

利润按规定的计算基础及费率计取。

某省利润计算程序及三类工程的利润费率,见表 4-15 所列。

利 润 计 算 表　　　　　　　　　　　　表 4-15

项目名称	计算基础	费率(%)	费用金额(元)
取费基数	直接费中人工费+机械费	100.000	
利润	直接费中人工费+机械费	8.000	

幸福花园小区物业楼直接费中,人工费与机械费之和为 134419.72 元。

则幸福花园小区物业楼工程的利润为:

$$134419.72 \times 8\% = 10753.58 \text{ 元}$$

将计算结果填入表 4-16。

利 润 计 算 表　　　　　　　　　　　　表 4-16

工程名称:幸福花园小区物业楼

项目名称	计算基础	费率(%)	费用金额(元)
取费基数	134419.72	100.000	134419.72
利润	134419.72	8.000	10753.58

4.3.2 税金计取

税金以直接费、间接费、利润之和为基础计取。

根据某省有关规定,幸福花园小区物业楼所在地税金税率为 3.45%,税金计算程序及税率,见表 4-17 所列。

税 金 计 算 表　　　　　　　　　　　　表 4-17

项目名称	计算基础	费率(%)	费用金额(元)
取费基数	直接费+间接费+利润	100.000	
税金	直接费+间接费+利润	3.450	

根据表 4-11、表 4-12、表 4-14、表 4-16,幸福花园小区物业楼工程中:

$$\text{直接费} = 360850.59 + 13302.84 + 12887.89 = 387041.32 \text{ 元}$$

$$\text{间接费} = 22851.35 + 22313.67 = 45165.02 \text{ 元}$$

$$\text{利润} = 10753.58 \text{ 元}$$

$$\text{直接费}+\text{间接费}+\text{利润} = 442959.92 \text{ 元}$$

$$\text{税金} = 442959.92 \times 3.45\% = 15282.12 \text{ 元}$$

将以上信息填入税金计算表(表 4-18)。

税 金 计 算 表　　　　　　　　　　　　　表 4-18

工程名称：幸福花园小区物业楼

项目名称	计算基础	费率（%）	费用金额（元）
取费基数	442959.92	100.000	442959.92
税金	442959.92	3.450	15282.12

过程 4.4　工程造价的确定

工程造价按下式进行计算。

$$\text{工程造价}=\text{直接费}+\text{间接费}+\text{利润}+\text{税金}$$

由表 4-11、4-12、4-14、4-16、4-18 的计算数据可以计算出，某省幸福花园小区物业楼建筑工程造价为：

387041.32+45165.02+10753.58+15282.12=458242.04 元

将计算结果汇总到表 4-19。

单位工程费用汇总表　　　　　　　　　　　　　表 4-19

工程名称：幸福花园小区物业楼

项目名称	计算基础	费率（%）	费用金额（元）
直接及技术措施性成本	—	100.000	360850.59
其中：人工费	—	100.000	106788.91
其中：材料费	—	100.000	238806.17
其中：机械费	—	100.000	15255.51
安全防护、文明施工费	直接及技术措施性成本中人工费+机械费	10.900	13302.84
其中：人工费	直接及技术措施性成本中人工费+机械费	2.640	3221.97
其中：机械费	直接及技术措施性成本中人工费+机械费	0.920	1122.81
施工组织措施费	直接及技术措施性成本中人工费+机械费	10.560	12887.89
取费基数	直接及技术措施性成本中人工费+机械费	100.000	134419.72
企业管理费	直接费中人工费+机械费	17.000	22851.35
利润	直接费中人工费+机械费	8.000	10753.58
规费	直接费中人工费+机械费	16.600	22313.67
税金	直接费+间接费+利润	3.450	15282.12
工程造价	直接费+间接费+利润+税金	100.000	458242.04

复习思考题

1. 定额模式下，工程造价文件由哪几部分内容组成？
2. 套用预算定额时，如何将工程量转换成定额计量单位下的工程量？
3. 写出工程直接费、人工费、材料费、机械费的组成公式。
4. 一般建筑工程的税金计取基数包括哪几部分费用？

项目实训 2 定额模式下单位工程预算书的编制实例

建 设 工 程 预 算 书

工程名称：　　　　　　　　　幸福花园小区物业楼
建筑面积：　　　　　　　　　平方米
工程造价：　　　　　　　　　2544407.40 元
单方造价：
建设单位：
施工单位：
造价工程师或造价员：　　　　（签字盖章）
校对人：　　　　　　　　　　（签字盖章）
审定人：　　　　　　　　　　（签字盖章）
编制单位：　　　　　　　　　（签字盖章）
编制日期：

总说明

工程名称：幸福花园小区物业楼

（1）工程概况：本工程为框架结构，独立柱基，局部条基，地上 3 层，建筑面积 1203.3m²。

（2）预算书：为施工图范围内的土建及装饰工程。

（3）投标报价编制依据：

1）物业楼施工图及投标施工组织设计。

2）有关的技术标准、规范和安全管理规定等。

3）省建设主管部门颁发的计价定额和计价管理办法和相关计价文件。

4）材料价格根据定额材料的预算价格并参照工程所在地工程造价信息。

单位工程造价汇总表

工程名称：幸福花园小区物业楼　　　　　　　　　　　　　第　页，共　页

单位工程名称	工程造价（元）	其中			
		人工费（元）	材料费（元）	机械费（元）	主材设备（元）
一般建筑工程，三类工程，包工包料	458242.04	106788.91	238806.17	15255.51	
建筑工程土石方、建筑物超高、垂直运输、特大型机械场外运输及一次安拆，包工包料	57144.82	14771.96		26277.63	
桩基础工程，二类工程，包工包料					
装饰工程，包工包料	2029020.54	438338.51	1137167.71	30258.04	
合　计	2544407.40	559899.38	1375973.88	71791.18	

单 位 工 程 费 汇 总 表

工程名称：幸福花园小区物业楼　　　　　　　　　　　第　页，共　页

序号	编码	项目名称	计算基础	费率(%)	费用金额(元)
一般建筑工程,三类工程,包工包料					
1	ZJF	直接及技术措施性成本	RGF+CLF+JXF+WCF	100.000	360850.59
2	RGF	其中:人工费	STRGF+CSRGF	100.000	106788.91
3	CLF	其中:材料费	STCLF+CSCLF	100.000	238806.17
4	JXF	其中:机械费	STJXF+CSJXF	100.000	15255.51
5	WCF	其中:未计价材料费	STWCF+CSWCF	100.000	
6	AQWM	安全防护、文明施工费	(STRGF+STJXF)+(CSRGF+CSJXF)	10.900	13302.84
7	AQWMR	其中:人工费	(STRGF+STJXF)+(CSRGF+CSJXF)	2.640	3221.97
8	AQWMJ	其中:机械费	(STRGF+STJXF)+(CSRGF+CSJXF)	0.920	1122.81
9	QTF	施工组织措施费	(STRGF+STJXF)+(CSRGF+CSJXF)	10.560	12887.89
10	QTFR	其中:人工费	(STRGF+STJXF)+(CSRGF+CSJXF)	3.670	4479.03
11	QTFJ	其中:机械费	(STRGF+STJXF)+(CSRGF+CSJXF)	2.910	3551.49
12	QFJS	取费基数	(RGF+JXF)+(AQWMR+AQWMJ)+(QTFR+QTFJ)	100.000	134419.72
13	GLF	企业管理费	QFJS	17.000	22851.35
14	LR	利润	QFJS	8.000	10753.58
15	GF	规费	QFJS	16.600	22313.67
16	JKTZ	价款调整	JC+DLF	100.000	
17	JC	其中:价差	STJC+CSJC	100.000	
18	DLF	其中:独立费	DLFHJ	100.000	
19	SJ	税金	ZJF+AQWM+QTF+GLF+LR+GF+JKTZ	3.450	15282.12
20	HJ	工程造价	ZJF+AQWM+QTF+GLF+LR+GF+JKTZ+SJ	100.000	458242.04
建筑工程土石方、建筑物超高、垂直运输、特大型机械场外运输及一次安拆,包工包料					
1	ZJF	直接及技术措施性成本	RGF+CLF+JXF+WCF	100.000	41049.59
2	RGF	其中:人工费	STRGF+CSRGF	100.000	14771.96
3	CLF	其中:材料费	STCLF+CSCLF	100.000	
4	JXF	其中:机械费	STJXF+CSJXF	100.000	26277.63
5	WCF	其中:未计价材料费	STWCF+CSWCF	100.000	
6	AQWM	安全防护、文明施工费	(STRGF+STJXF)+(CSRGF+CSJXF)	10.900	4474.41
7	AQWMR	其中:人工费	(STRGF+STJXF)+(CSRGF+CSJXF)	2.640	1083.71

续表

序号	编码	项目名称	计算基础	费率(%)	费用金额(元)
	建筑工程土石方、建筑物超高、垂直运输、特大型机械场外运输及一次安拆,包工包料				
8	AQWMJ	其中:机械费	(STRGF+STJXF)+(CSRGF+CSJXF)	0.920	377.66
9	QTF	施工组织措施费	(STRGF+STJXF)+(CSRGF+CSJXF)	10.560	4334.84
10	QTFR	其中:人工费	(STRGF+STJXF)+(CSRGF+CSJXF)	3.670	1506.52
11	QTFJ	其中:机械费	(STRGF+STJXF)+(CSRGF+CSJXF)	2.910	1194.54
12	QFJS	取费基数	(RGF+JXF)+(AQWMR+AQWMJ)+(QTFR+QTFJ)	100.000	45212.02
13	GLF	企业管理费	QFJS	4.000	1808.48
14	LR	利润	QFJS	3.000	1356.36
15	GF	规费	QFJS	4.900	2215.39
16	JKTZ	价款调整	JC+DLF	100.000	
17	JC	其中:价差	STJC+CSJC	100.000	
18	DLF	其中:独立费	DLFHJ	100.000	
19	SJ	税金	ZJF+AQWM+QTF+GLF+LR+GF+JKTZ	3.450	1905.75
20	HJ	工程造价	ZJF+AQWM+QTF+GLF+LR+GF+JKTZ+SJ	100.000	57144.82
	装饰工程,包工包料				
1	ZJF	直接及技术措施性成本	RGF+CLF+JXF+WCF	100.000	1605764.26
2	RGF	其中:人工费	STRGF+CSRGF	100.000	438338.51
3	CLF	其中:材料费	STCLF+CSCLF	100.000	1137167.71
4	JXF	其中:机械费	STJXF+CSJXF	100.000	30258.04
5	WCF	其中:未计价材料费	STWCF+CSWCF	100.000	
6	AQWM	安全防护、文明施工费	(STRGF+STJXF)+(CSRGF+CSJXF)	13.890	65088.06
7	AQWMR	其中:人工费	(STRGF+STJXF)+(CSRGF+CSJXF)	3.660	17150.63
8	AQWMJ	其中:机械费	(STRGF+STJXF)+(CSRGF+CSJXF)	1.340	6279.19
9	QTF	施工组织措施费	(STRGF+STJXF)+(CSRGF+CSJXF)	10.830	50749.01
10	QTFR	其中:人工费	(STRGF+STJXF)+(CSRGF+CSJXF)	5.030	23570.41
11	QTFJ	其中:机械费	(STRGF+STJXF)+(CSRGF+CSJXF)		
12	QFJS	取费基数	(RGF+JXF)+(AQWMR+AQWMJ)+(QTFR+QTFJ)	100.000	515596.78
13	GLF	企业管理费	QFJS	20.000	103119.36
14	LR	利润	QFJS	12.000	61871.61
15	GF	规费	QFJS	14.500	74761.53

续表

序号	编码	项目名称	计算基础	费率(%)	费用金额(元)
装饰工程，包工包料					
16	JKTZ	价款调整	JC+DLF	100.000	
17	JC	其中：价差	STJC+CSJC	100.000	
18	DLF	其中：独立费	DLFHJ	100.000	
19	SJ	税金	ZJF+AQWM+QTF+GLF+LR+GF+JKTZ	3.450	67666.71
20	HJ	工程造价	ZJF+AQWM+QTF+GLF+LR+GF+JKTZ+SJ	100.000	2029020.54
		合计			2544407.40

单位工程预算表

工程名称：幸福花园小区物业楼　　　　　　第　页，共　页

序号	定额编号	项目名称	单位	数量	单价	合价	其中(元)		
							人工费	材料费	机械费
1	A1-42	平整场地	100m²	4.011	91.20	365.80	365.80		
2	A1-1	人工挖土方一、二类土深度(2m以内)	100m³	7.494	716.10	5366.45	5366.45		
3	A1-41	原土打夯	100m²	4.949	54.26	268.53	203.40		65.13
4	A1-96	人工运土方运距20m以内	100m³	7.494	590.10	4422.21	4422.21		
5	A1-44	回填土,夯填	100m³	5.190	1038.03	5387.38	4414.10		973.28
6	A3-1	砌砖基础	10m³	5.502	1726.47	9499.04	2412.08	6925.97	160.99
7	A3-33	台阶,砖基层	100m²水平投影面	0.367	9053.32	3322.57	1632.12	1649.39	41.06
8	A3-17换	加气混凝土砌块墙[水泥石灰砂浆 M5(中砂)]	10m³	19.965	2063.09	41189.60	7850.24	33144.70	194.66
9	A3-17换	加气混凝土砌块墙[水泥石灰砂浆 M5(中砂)]	10m³	11.925	2063.09	24602.35	4688.91	19797.17	116.27
10	A4-3换	现浇钢筋混凝土带形基础[C25][现浇混凝土(中砂碎石)C25-40]	10m³	1.443	1895.31	2734.93	540.26	1974.11	220.56
11	[82]B1-24换	混凝土垫层[C10][现浇混凝土(中砂碎石)C10-40]	10m³	0.544	1578.15	858.51	210.20	617.36	30.95
12	A4-5换	现浇混凝土独立基础[C25][现浇混凝土(中砂碎石)C25-40]	10m³	9.981	1935.85	19321.73	4120.16	13675.97	1525.60

续表

序号	定额编号	项目名称	单位	数量	单价	合价	其中(元)		
							人工费	材料费	机械费
13	[82]B1-24换	混凝土垫层[C10][现浇混凝土(中砂碎石)C10-40]	10m³	2.595	1578.15	4095.31	1002.71	2944.94	147.66
14	A4-14换	现浇钢筋混凝土矩形柱[现浇混凝土(中砂碎石)C25-40,水泥砂浆1:2(中砂)]	10m³	6.815	2310.94	15749.06	5781.85	9358.29	608.92
15	A4-14换	现浇钢筋混凝土矩形柱[现浇混凝土(中砂碎石)C25-40,水泥砂浆1:2(中砂)]	10m³	1.038	2310.94	2398.76	880.64	1425.37	92.75
16	A4-19换	现浇钢筋混凝土单梁连续梁[C25][现浇混凝土(中砂碎石)C25-40]	10m³	14.482	2054.98	29760.21	8694.99	19781.54	1283.68
17	A4-20换	现浇钢筋混凝土异形梁[C25][现浇混凝土(中砂碎石)C25-40]	10m³	1.656	2086.96	3456.01	1040.63	2268.59	146.79
18	A4-21换	现浇钢筋混凝土圈梁弧形圈梁[C25][现浇混凝土(中砂碎石)C25-40]	10m³	0.306	2358.72	721.78	285.44	419.69	16.65
19	A4-22换	现浇钢筋混凝土过梁[C25][现浇混凝土(中砂碎石)C25-40]	10m³	0.537	2504.30	1344.80	542.58	754.62	47.60
20	A4-33换	现浇钢筋混凝土平板[C25][现浇混凝土(中砂碎石)C25-20]	10m³	10.446	2046.71	21379.93	5465.35	14974.13	940.45
21	A4-43换	现浇钢筋混凝土直形雨篷[C25][现浇混凝土(中砂碎石)C25-20]	10m³	0.218	2515.61	548.40	198.29	321.41	28.70
22	A4-49换	现浇钢筋混凝土直形栏板[C25][现浇混凝土(中砂碎石)C25-20]	10m³	0.157	2399.69	376.74	137.09	220.57	19.08
23	A4-45换	现浇钢筋混凝土整体楼梯[C25][现浇混凝土(中砂碎石)C25-20]	10m²投影面积	34.720	604.20	20977.82	7068.99	12620.37	1288.46
24	A4-59	现浇钢筋混凝土散水一次抹光[C25]	100m²	0.804	4364.92	3509.39	1876.21	1565.63	67.55
25	[82]B1-24换	混凝土垫层[C10][现浇混凝土(中砂碎石)C10-40]	10m³	0.804	1578.15	1268.84	310.67	912.42	45.75
26	A7-176	双面自粘防水卷材3mm厚	100m²	4.009	5885.97	23596.86	336.76	23260.10	

续表

序号	定额编号	项目名称	单位	数量	单价	合价	其中(元)		
							人工费	材料费	机械费
27	A7-34	隔气层,乳化沥青二遍	100m²	4.009	684.00	2742.16	697.57	2044.59	
28	[82]B1-29	水泥砂浆找平层在填充材料上(平面)20mm	100m²	3.770	669.02	2522.21	1183.78	1247.91	90.52
29	A7-193	聚氨酯防水涂膜,刷涂膜二遍2mm厚,平面	100m²	0.929	4245.89	3944.43	196.20	3748.23	
30	A7-195	聚氨酯防水涂膜,每增减0.5mm,平面	100m²	0.929	1041.54	967.59	16.35	951.24	
31	A8-221	现浇水泥珍珠岩屋面保温	10m³	5.655	1573.72	8899.39	1197.73	7361.34	340.32
32	[82]B1-2	灰土垫层3∶7	10m³	5.058	451.39	2283.13	1122.88	1107.95	52.30
33	[82]B1-24	混凝土垫层	10m³	1.349	1692.85	2283.65	521.25	1685.64	76.76
34	[82]B1-36	水泥砂浆楼地面20mm	100m²	3.372	948.47	3198.24	1866.74	1268.24	63.26
35	[82]B1-2	灰土垫层3∶7	10m³	0.438	451.39	197.71	97.24	95.94	4.53
36	[82]B1-24	混凝土垫层	10m³	0.117	1692.85	198.07	45.21	146.20	6.66
37	[82]B1-27	水泥砂浆找平层在硬基层上(平面)20mm	100m²	6.955	623.00	4332.97	2131.01	2071.48	130.48
38	[82]B1-94	陶瓷地砖楼地面(水泥砂浆)每块周长800mm以内	100m²	0.718	5958.71	4278.35	1024.55	3205.21	48.59
39	[82]B1-96	陶瓷地砖楼地面(水泥砂浆)每块周长1600mm以内	100m²	0.923	5925.46	5469.20	1078.25	4328.48	62.47
40	[82]B1-98	陶瓷地砖楼地面(水泥砂浆)每块周长2400mm以内	100m²	6.528	6707.76	43788.26	8049.02	35297.42	441.82
41	[82]B1-215	陶瓷地砖踢脚线(水泥砂浆)	100m²	125.000	5518.87	689858.75	251043.75	431086.25	7728.75
42	[82]B1-304	木扶手(铁栏杆上)	10m	1.920	789.08	1515.03	669.60	844.99	0.44
43	[82]B1-305	木扶手(弯头)	10个	0.500	821.42	410.72	189.00	221.60	0.12
44	[82]B2-13	水泥砂浆[轻质砌块(TG胶砂浆)墙面]	100m²	3.301	1046.46	3454.37	2288.25	1109.14	56.98
45	[82]B2-4	轻质砌块墙面石灰砂浆	100m²	6.878	1040.98	7159.86	4866.87	2122.69	170.30
46	[82]B2-469	素水泥浆一道	100m²	6.939	81.68	566.77	313.64	253.13	
47	[82]B2-7	内墙面两遍石灰砂浆(标准砖)	100m²	18.656	705.88	13168.90	9701.12	3047.83	419.95
48	[82]B2-9	水泥砂浆(标准砖墙面)	100m²	6.335	1045.55	6623.56	4338.21	2142.75	142.60
49	[82]B2-469	素水泥浆一道	100m²	0.557	81.68	45.50	25.18	20.32	
50	[82]B2-71	石灰砂浆,柱(梁)面,混凝土	100m²	0.564	1254.19	707.36	504.67	190.42	12.27

续表

序号	定额编号	项目名称	单位	数量	单价	合价	其中(元)		
							人工费	材料费	机械费
51	[82]B2-140	水泥砂浆粘贴内墙瓷砖(周长1200mm以内)	100m²	2.334	6234.72	14551.84	4416.51	9996.83	138.50
52	[82]B2-154	水泥砂浆粘贴外墙面砖(周长1200mm以内)	100m²	1.233	6344.20	7822.39	2425.80	5309.84	86.75
53	[82]B2-470	建筑胶素水泥浆一道	100m²	0.607	103.36	62.74	27.44	35.30	
54	[82]B2-93	普通腰线一般抹灰(水泥砂浆、混凝土)	100m²	0.607	2183.87	1325.61	1091.87	219.62	14.12
55	[82]B5-340	刮腻子、喷刷涂料,外墙涂料(JH801),抹灰面	100m²	0.607	1245.06	755.76	167.29	547.56	40.91
56	[82]B2-469	素水泥浆一道	100m²	12.004	81.68	980.49	542.58	437.91	
57	[82]B3-5	水泥砂浆、混凝土	100m²	1.029	957.60	985.38	747.47	222.46	15.45
58	[82]B3-7	混合砂浆、混凝土	100m²	13.846	950.91	13166.30	10334.65	2623.82	207.83
59	[82]B4-1	胶合板门扇制作	100m²扇面积	70.980	9336.05	662672.83	82762.68	560748.39	19161.76
60	[82]B4-2	胶合板门扇安装	100m²扇面积	70.980	478.40	33956.83	33956.83		
61	[82]B4-118	塑钢门安装,带亮	100m²	0.324	30478.40	9875.00	829.44	9014.57	30.99
62	[82]B4-239	推拉塑钢窗(带纱扇)安装	100m²	1.647	25770.12	42443.39	4743.36	37541.08	158.95
63	[82]B4-272	大理石窗台板	100m²	0.372	18502.77	6883.03	1053.11	5809.67	20.25
64	[82]B5-340	刮腻子、喷刷涂料,外墙涂料(JH801),抹灰面	100m²	9.636	1245.06	11997.40	2655.68	8692.35	649.37
		措施部分				145046.26	51128.47	60563.15	33354.64
65	A12-10	现浇混凝土基础垫层模板	100m²	0.422	2846.14	1201.07	183.32	996.95	20.80
66	A12-22	现浇矩形柱模板	100m²	5.645	3055.39	17247.68	7823.97	8292.17	1131.54
67	A12-25	现浇柱支撑高度超过3.6m每增加1m模板	100m²	0.430	177.49	76.32	45.75	26.81	3.76
68	A12-27	现浇单梁连续梁模板	100m²	11.205	3061.91	34308.70	16592.36	15139.75	2576.59
69	A12-28	现浇异形梁模板	100m²	1.241	6179.46	7668.71	2273.02	5210.82	184.87
70	A12-29	现浇直形圈梁模板	100m²	0.245	2518.60	617.06	298.90	293.83	24.33
71	A12-31	现浇过梁模板	100m²	1.153	5186.16	5979.64	2284.78	3487.47	207.39
72	A12-37	现浇梁支撑高度超过3.6m每超过1m模板	100m²	3.116	288.36	898.53	605.75	185.09	107.69
73	A12-4	现浇钢筋混凝土(无梁式)带形基础模板	100m²	0.345	2920.74	1007.65	371.91	527.31	108.43

续表

序号	定额编号	项目名称	单位	数量	单价	合价	其中(元)		
							人工费	材料费	机械费
74	A12-45	现浇平板模板	100m²	9.401	2598.18	24425.49	9788.32	12425.68	2211.49
75	A12-50	现浇板支撑高度超过3.6m每增加1m模板	100m²	9.401	298.49	2806.10	2083.26	480.20	242.64
76	A12-52	现浇整体楼梯模板	10m² 投影面积	5.859	1107.20	6487.09	2106.90	4191.65	188.54
77	A12-6	现浇混凝土独立基础模板	100m²	0.704	3443.73	2424.39	629.66	1685.88	108.85
78									
79	A11-45	多层建筑现浇框架结构(3000m²以内)高度在15m以内综合脚手架	100m²	12.033	1218.20	14658.61	6040.57	7619.54	998.50
80									
81	A13-3	现浇框架,20m(6层)以内,垂直运输	100m²	12.033	2097.50	25239.22			25239.22
		合 计				2007664.44	559899.38	1375973.88	71791.18

人工、材料、机械台班(用量、单价)汇总表

工程名称:幸福花园小区物业楼　　　　　　　　　　　　　　　第　页,共　页

编码	名称及型号规格	单位	数量	预算价(元)	市场价(元)	市场价合计(元)	价差合计(元)
		人 工					
10000001	综合用工一类	工日	5998.8801	45.00	45.00	269949.60	
10000002	综合用工二类	工日	6766.7487	40.00	40.00	270669.95	
10000003	综合用工三类	工日	642.6614	30.00	30.00	19279.84	
		材 料					
AE2-0007	钢丝绳 φ8	kg	1.4440	6.45	6.45	9.31	
BA1C1003	烘干硬木	m³	0.2701	3880.77	3880.77	1048.20	
BA2-1040	锯屑	m³	79.9014	12.00	12.00	958.82	
BA2C1016	木模板	m³	4.2429	1539.15	1539.15	6530.46	
BA2C1018	木脚手板	m³	2.1659	1578.72	1578.72	3419.35	
BA2C1023	支撑方木	m³	7.3926	2174.39	2174.39	16074.40	
BA2C1027	木材	m³	0.0120	2174.37	2174.37	26.09	
BA3-0038	三层胶合板	m²	17106.1800	8.39	8.39	143520.85	
BB1-0101	水泥 32.5	t	208.3026	220.00	220.00	45826.57	
BB1-0102	水泥 42.5	t	169.2485	230.00	230.00	38927.15	
BB3-0129	白水泥	kg	1896.2107	0.39	0.39	739.52	

续表

编码	名称及型号规格	单位	数 量	预算价（元）	市场价（元）	市场价合计（元）	价差合计（元）
		材 料					
BC1-0002	生石灰	t	42.8793	85.00	85.00	3644.74	
BC3-0030	碎石	t	843.8103	33.78	33.78	28503.91	
BC4-0013	中砂	t	1179.9211	25.16	25.16	29686.81	
BD1-0001	标准砖 240×115×53	千块	43.5408	200.00	200.00	8708.16	
BD8-0420	加气混凝土砌块	m³	303.9755	160.00	160.00	48636.08	
BG1-0121	面砖 300×300	m²	128.2320	35.00	35.00	4488.12	
BG1-0155	陶瓷地面砖 200×200	m²	73.2360	41.00	41.00	3002.68	
BG1-0159	陶瓷地砖	m²	12750.0000	30.00	30.00	382500.00	
BG1-0206	陶瓷地面砖 400×400	m²	94.6075	43.00	43.00	4068.12	
BG1-0208	陶瓷地面砖 600×600	m²	669.1200	50.00	50.00	33456.00	
BG2-0007	瓷砖 200×300	m²	241.5690	35.00	35.00	8454.92	
BK1-0005	塑料薄膜	m²	1540.3659	0.60	0.60	924.22	
DA1-0027	清油 Y00-1	kg	0.0384	19.90	19.90	0.76	
DA1-0028	油漆溶剂油	kg	4.3652	7.35	7.35	32.08	
DA1-0031	色粉	kg	34.8262	4.20	4.20	146.27	
DA1-0035	熟桐油	kg	0.0768	12.35	12.35	0.95	
DA1-0088	氯丁腻子 JN-10	kg	2.5920	10.00	10.00	25.92	
DQ1C0005	调合漆	kg	0.8640	12.50	12.50	10.80	
DQ1C0008	防锈漆	kg	37.9040	13.65	13.65	517.39	
DR1-0014	滑石粉	kg	184.3733	0.32	0.32	59.00	
DR1-0031	聚酯酸乙烯乳液	kg	2342.3400	7.40	7.40	17333.32	
DZ1-0006	JH801 涂料	kg	1024.3000	8.00	8.00	8194.40	
EB1-0025	二甲苯	kg	16.5455	9.50	9.50	157.18	
EB1-0126	聚氨酯甲料	kg	124.9970	16.00	16.00	1999.95	
EB1-0127	聚氨酯乙料	kg	195.5638	13.00	13.00	2542.33	
EB1-0139	软填料	kg	51.2460	9.30	9.30	476.59	
ED1-0014	TG胶	kg	3034.9362	2.20	2.20	6676.86	
EF1-0009	隔离剂	kg	315.5624	0.70	0.70	220.89	
FA1-0003	石油沥青 30 号	t	0.0965	3300.00	3300.00	318.45	
FD2-0005	密封油膏	kg	82.7820	10.30	10.30	852.65	
FE1-0002	乳化沥青	kg	681.5300	3.00	3.00	2044.59	
GA1-0001	石膏粉	kg	0.0960	0.60	0.60	0.06	
GH1-0010	珍珠岩粉	m³	68.2219	75.00	75.00	5116.64	

续表

编码	名称及型号规格	单位	数量	预算价（元）	市场价（元）	市场价合计（元）	价差合计（元）
			材 料				
HSB-0012	石油液化气	kg	2.1248	5.60	5.60	11.90	
HSB-0015	BAC双面自粘防水卷材3mm	m²	505.1340	46.00	46.00	23236.16	
IA1-0208	膨胀螺栓	套	1247.9940	0.60	0.60	748.80	
IA2-0044	螺钉	百个	12.8512	3.40	3.40	43.69	
IA2-0109	木螺钉	百个	1.9392	2.00	2.00	3.88	
IA2C0071	铁钉	kg	629.5368	6.50	6.50	4091.99	
ID1-0024	合金钢钻头 φ10	个	6.2400	6.50	6.50	40.56	
IE2-0016	砂纸	张	0.7680	0.30	0.30	0.23	
IE2-0026	砂布	张	82.5464	0.50	0.50	41.27	
IF2-0101	镀锌铁丝8号	kg	301.9523	5.25	5.25	1585.25	
IF2-0108	镀锌铁丝22号	kg	4.4489	6.38	6.38	28.38	
JA1C0027	组合钢模板	kg	2127.1380	4.60	4.60	9784.83	
JA1C0034	零星卡具	kg	1133.3301	5.13	5.13	5813.98	
JA1C0035	梁卡具	kg	293.4590	5.13	5.13	1505.44	
JA1C0092	支撑钢管及扣件	kg	1625.0561	4.95	4.95	8044.03	
JB1-0003	脚手架底座	个	3.0083	5.60	5.60	16.85	
JB1-0004	直角扣件	个	96.2640	5.50	5.50	529.45	
JB1-0006	回转扣件	个	4.0912	4.12	4.12	16.86	
JB2-0027	对接扣件	个	12.3940	5.50	5.50	68.17	
KC3-0316	推拉单层塑钢窗(含玻璃纱窗)	m²	156.4650	185.00	185.00	28946.03	
KC9-0007	塑钢门(带亮)	m²	31.1040	235.00	235.00	7309.44	
KC9-0017	连接件(塑钢窗用)	kg	1247.9940	6.50	6.50	8111.96	
OA0-0024	钢管 φ50	kg	446.3040	5.43	5.43	2423.43	
ZA1-0002	水	m³	1554.1295	3.03	3.03	4709.01	
ZC1-0002	烟煤	t	0.0756	500.00	500.00	37.80	
ZC1-0008	纸筋	kg	63.0635	12.00	12.00	756.76	
ZD1-0009	棉纱头	kg	136.7360	5.83	5.83	797.17	
ZD1-0011	尼龙帽	个	414.5850	2.50	2.50	1036.46	
ZD1-0028	嵌缝料	kg	24.3624	2.60	2.60	63.34	
ZE1-0018	石料切割锯片	片	45.7279	18.89	18.89	863.80	
ZG1-0001	其他材料费	元	947.0723	1.00	1.00	947.07	
ZS1-0196	建筑胶	kg	126.7062	7.50	7.50	950.30	
ZS2-0016	大理石板	m²	37.9440	150.00	150.00	5691.60	
ZS2-0047	烘干木材(扇料)	m³	148.6321	2676.65	2676.65	397836.11	

续表

编码	名称及型号规格	单位	数量	预算价（元）	市场价（元）	市场价合计（元）	价差合计（元）
机　　械							
00001068	夯实机(电动)夯击能力 20~62N·m	台班	47.7059	23.50	23.50	1121.09	
00003017	汽车式起重机 5t	台班	5.6671	460.58	460.58	2610.15	
00003037	塔式起重机(起重力矩 600kN·m)	台班	33.2111	434.87	434.87	14442.51	
00004030	机动翻斗车 1t	台班	8.6823	129.39	129.39	1123.40	
00006016	灰浆搅拌机 200L	台班	62.8059	75.03	75.03	4712.33	
00006053	滚筒式混凝土搅拌机 500L以内	台班	40.6384	120.35	120.35	4890.83	
00006059	混凝土振捣器(平板式)	台班	10.7768	13.46	13.46	145.06	
00006060	混凝土振捣器(插入式)	台班	64.1032	11.40	11.40	730.78	
00007012	木工圆锯机 ϕ500	台班	42.0476	22.87	22.87	961.63	
00007021	木工压刨床(四面 300mm)	台班	108.5994	101.74	101.74	11048.90	
00007022	木工开榫机(榫头长度 160mm)	台班	92.2740	59.65	59.65	5504.14	
00007023	木工打眼机(MK212)	台班	151.8972	11.83	11.83	1796.94	
00010012	电动空气压缩机 1m^3/min	台班	5.6337	93.95	93.95	529.29	
00013135	电锤(功率 520W)	台班	15.6073	12.17	12.17	189.94	
00013155	石料切割机	台班	175.0171	32.40	32.40	5670.55	
00014011	载货汽车(综合)	台班	12.9087	414.90	414.90	5355.82	
00014014	慢速卷扬机(带塔综合)	台班	69.7914	154.70	154.70	10796.73	
00TM0660	多用喷枪	台班	5.6337	28.57	28.57	160.95	

任务 5
工程量清单模式下的计价方法

工程量清单模式下的计价方法是不同于定额模式的一种计价方法。具体操作中主要表现在计价依据不同、费用构成不同、计价方法不同三个方面。计价依据不同体现在：两种计价模式所依据的定额不同，如定额计价的计算依据是预算定额，而清单计价理论上应采用企业定额；采用的单价不同，定额模式采用定额基价，清单计价可以由投标人自主确定；费用项目不同，定额费用的计算，根据主管部门颁发的计价文件计算，清单计价除强制性项目外，可以按照清单规范的规定，由投标企业自主确定费用项目和费率。因此，最后形成的报价格式亦不同于预算书的格式，工程量清单计价格式为统一格式，不得变更或修改，其格式包括：

(1) 封面
(2) 总说明
(3) 汇总表
(4) 分部分项工程量清单表
 1) 分部分项工程量清单与计价表
 2) 工程量清单综合单价分析表
(5) 措施项目清单表
 1) 措施项目清单与计价表（一）
 2) 措施项目清单与计价表（二）
(6) 其他项目清单表
 1) 其他项目清单与计价汇总表
 2) 暂列金额明细表
 3) 材料暂估单价表

4) 专业工程暂估价表
5) 计日工表
6) 总承包服务费计价表
7) 索赔与现场签证计价汇总表
8) 费用索赔申请（核准）表
9) 现场签证表

清单报价的过程即这些表格的填写过程。但使用这些表格时，应注意计价阶段的差异，正确选择表格。无论在哪个计价阶段，在正确计算工程量的基础上（工程量的计算详见本系列教材），综合单价的确定是正确计价的关键。

过程 5.1 清单模式下综合单价

5.1.1 清单综合单价的概念

为了简化计价程序，实现与国际惯例接轨，促进竞争，工程量清单计价采用综合单价计价。综合单价计价是有别于现行定额工料单价计价程序的另一种单价计价方式，包括完成规定计量单位合格产品所需的全部费用，它是有别于预算定额计价的另一种确定单价的方式。考虑到我国的实际情况，综合单价包括除规费、税金之外的全部费用。

综合单价指完成规定计量单位项目所需的人工费、材料费、机械使用费、管理费、利润以及一定范围内的风险费用等。即综合单价包括除规费和税金以外的全部费用。

5.1.2 清单综合单价的组成

清单模式下工程造价的组成中，清单综合单价不但适用于分部分项工程量清单和措施项目清单，也适用于其他项目清单。每项综合单价的组成见下式。

清单综合单价＝人工费＋材料费＋机械费＋管理费＋利润

其中　　人工费＝Σ（定额工日×人工单价）

材料费＝Σ（某种材料定额消耗量×材料单价）

机械费＝Σ（某种机械定额消耗量×台班单价）

管理费＝［人工费＋机械费（或直接费）］×管理费费率

利润＝［人工费＋机械费（或直接费）］×利润率

5.1.3 清单综合单价的编制

清单综合单价的编制是清单计价的核心，也是关键所在。综合单价是相对各分项单价而言，是在分部分项清单的工程量项目乘以人工单价、材料单价、机械台班单价、管理费费率、利润率的基础上综合而成的。综合单价形成的过程不是简单地将其汇总的过程,而是根据具体分部分项清单工程量和工料机单价等要素,通过具体一系列计算后综合而成的。清单综合单价一般采用计算机辅助计算的方式进行组价,但有必要掌握其基本组成原理。根据项目特征的描述,我们以清单综合单价分析表填写的形式讲解清单综合单价的编制。工程量清单综合单价分析表,见表5-1。

工程量清单综合单价分析表 表 5-1

工程名称: 标段: 第 页 共 页

项目编码		项目名称					计量单位		
清单综合单价组成明细									
定额编号	定额名称	定额单位	数量	单价			合价		
				人工费	材料费	机械费	管理费和利润	人工费	材料费	机械费
人工单价				小计					
				未计价材料费					
清单项目综合单价								
材料费明细	主要材料名称、规格、型号			单位	数量	单价(元)	合价(元)	暂估单价(元)	
	其他材料费						—	—	
	材料费小计						—	—	

此表为2008年清单计价规范推荐的制式表格,此表的填写方式又分两种情况,即当清单列项与定额列项一致时和清单列项与定额列项不一致时,下面分别讲解这两种表的填写方法。

1. 清单列项与定额列项一致时,清单综合单价分析表的填写过程

第一步:填写工程名称、项目名称、项目编码、计量单位(清单)。

工程名称栏应填写详细具体的工程名称,项目编码栏应按清单规范,采用十二位阿拉伯数字,十至十二位应根据拟建工程的工程量清单项目设置。同一工程编码不得有重码。附录规定另加三位顺序码填写(详见工程量计算),项目名称应按附录的项目名称结合拟建工程的实际确定填写。

工程名称：幸福花园小区物业楼
项目名称：独立基础
项目编码：010401002001
计量单位：m³

将以上信息填入表 5-2 工程名称、项目名称、项目编码、计量单位栏内。

工程量清单综合单价分析表　　　　　　表 5-2

工程名称：幸福花园小区物业楼　　　　　　标段：　　　　　　第　页　共　页

项目编码	010401002001	项目名称		独立基础			计量单位		m³
清单综合单价组成明细									
定额编号	定额名称	定额单位	数量	单价				合价		
				人工费	材料费	机械费	管理费和利润	人工费	材料费	机械费
人工单价			小　计							
			未计价材料费								
清单项目综合单价										

材料费明细	主要材料名称、规格、型号	单位	数量	单价（元）	合价（元）	暂估单价（元）
	其他材料费					—
	材料费小计					

第二步：选择定额种类，并根据所采用定额套用定额项目，填写定额编码、定额名称、定额单位、数量（计价工程量）。

(1) 选择定额种类

根据企业及工程实际情况选择定额种类。如选择某省土建预算定额作为清单组价依据。

某省土建预算定额摘录，见表 5-3 所列。

A.4.1.1 基础   表5-3

工作内容：混凝土搅拌、场内水平运输、浇捣、养护等。   单位：10m³

定额编号			A4-4	A4-5	A4-6
项目名称			独立基础		杯型基础
			毛石混凝土	混凝土	
基价（元）			1795.35	1965.28	1940.88
其中	人工费（元）		313.20	412.80	387.20
	材料费（元）		1349.51	1399.63	1400.83
	机械费（元）		132.64	152.85	152.85
	名称	单位	单价（元）	数量	
人工	综合用工二类	工日	40	7.830	10.320	9.680
材料	现浇混凝土（中砂碎石）C20—40	m³	—	(8.630)	(10.100)	(10.100)
	水泥 32.5	t	220.00	2.805	3.283	3.283
	中砂	t	25.16	5.773	6.757	6.757
	碎石	t	33.78	11.789	13.797	13.797
	塑料薄膜	m²	0.60	12.680	13.040	14.680
	水	m³	3.03	9.570	11.050	11.120
	毛石 100~500mm	m³	56.00	2.720	—	—
机械	滚筒式混凝土搅拌机 500L 以内	台班	120.35	0.380	0.380	0.380
	混凝土振捣器（插入式）	台班	11.40	0.660	0.770	0.770
	机动翻斗车 1t	台班	129.39	0.660	0.760	0.760

（注：人工行数量列应为 7.830 | 10.320 | 9.680，机械第一行为 0.380 | 0.380 | 0.380）

（2）套用定额

通过套用定额，确定定额编码和定额名称、定额单位。清单综合单价组价过程中，定额的套用有两种方法，一种是直接套用定额，另一种是分别套用不同定额。当清单项目的工程内容与定额项目的工程内容和项目特征完全一致时，就可以直接套用定额，如表中现浇混凝土独立基础项目，就可采用此方法直接套用某定额。

定额编号：A4-5 换；

定额名称：现浇混凝土独立基础［C25］［现浇混凝土（中砂碎石）C25—40］；

定额单位：10m³。

（3）定额单位填写

定额单位填写应与所选定额相应分项工程的项目表一致。如混凝土的定额单位为10m³。

（4）计算数量

清单综合单价分析表中的数量计算：

数量＝9.98/99.81＝0.1

将以上信息填入表5-4定额编号、定额名称、定额单位、数量栏内。

工程量清单综合单价分析表　　　　　　　　　　　　　　　　表 5-4

工程名称：幸福花园小区物业楼　　　　标段：　　　　　　　第　页　共　页

项目编码	010401002001	项目名称		独立基础		计量单位		m³	
清单综合单价组成明细									
定额编号	定额名称	定额单位	数量	单价			合价		
				人工费	材料费	机械费	管理费和利润	人工费	材料费	机械费	管理费和利润
A4-5 换	现浇混凝土独立基础 [C25][现浇混凝土（中砂碎石）C25-40]	10m³	0.100								
人工单价		小　计									
40.00 元/工日		未计价材料费									
		清单项目综合单价									
材料费明细	主要材料名称、规格、型号			单位	数量	单价（元）	合价（元）	暂估单价（元）	暂估合价（元）
	水								
	中砂								
	碎石								
	塑料薄膜								
	水泥 42.5								
	其他材料费						—		—
	材料费小计						—		—

第三步：计算出人材机合价。

(1) 计算人工费单价、材料费单价、机械台班费单价

1) 根据所选用定额确定人工、材料、机械台班的消耗量，并将材料消耗量填入表格。

2) 根据前面求出的人工、材料、机械台班的单价，利用公式计算出人工费单价、材料费单价、机械台班单价。公式如下所示：

$$人工费 = \Sigma（定额工日 \times 人工单价）$$
$$材料费 = \Sigma（某种材料定额消耗量 \times 材料单价）$$
$$机械费 = \Sigma（某种机械定额消耗量 \times 台班单价）$$

例如，表 5-4 中各项：由某省定额知人工消耗量为 10.32 个工日，人工单价为 40 元/工日；材料消耗分别为水泥 2.969t，其单价为 230 元/t；中砂 6.868t，其单价为 25.16 元/t；碎石 14.009t，其单价为 33.78 元/t；塑料薄膜 13.040m²，单价为 0.60 元/m²；水 11.050m³，其单价为 3.03 元/m³；滚筒式混凝土搅拌机 500L 以内台班为 0.380 台班，其单价为 102.35 元/台班；混凝土振捣器台班为 0.770 台班，其单价为 11.40 元/台班；机动翻斗车台班为 0.760 台班，其单价为

129.39元/台班，则：

人工费＝10.23×40＝412.80元

材料费＝2.969×230＋6.868×25.16＋14.009×33.78＋13.040×0.60＋
11.050×3.03＝1370.20元

机械费＝0.380×120.35＋0.770×11.40＋0.760×129.39＝152.85元

将以上信息填入表5-5。

(2) 合价的计算

$$合价＝单价\times数量$$

见表5-4所列：由前述可知数量为0.1，人工费单价为412.8元，以此类推：

人工费合价＝0.1×412.8＝41.28元

材料费合价＝0.1×1370.20＝137.02元

机械费合价＝0.1×152.85＝15.29元

将以上信息填入表5-5材料消耗量、人工费单价、材料费单价、机械台班费单价、合价栏内。

工程量清单综合单价分析表　　　　表5-5

工程名称：幸福花园小区物业楼　　标段：　　　　　第　页　共　页

项目编码	010401002001	项目名称			独立基础			计量单位			m³	
清单综合单价组成明细												
定额编号	定额名称	定额单位	数量	单价				合价				
				人工费	材料费	机械费	管理费和利润	人工费	材料费	机械费	管理费和利润	
A4-5换	现浇混凝土独立基础[C25][现浇混凝土(中碎砂石)C25-40]	10m³	0.100	412.80	1370.20	152.85		41.28	137.02	15.29		
人工单价			小　　计					41.28	137.02	15.29		
40.00元/工日			未计价材料费									
清单项目综合单价												

材料费明细	主要材料名称、规格、型号	单位	数量	单价(元)	合价(元)	暂估单价(元)	暂估合价(元)
	水	m³	1.1050	3.03	3.35		
	中砂	t	0.6868	25.16	17.28		
	碎石	t	1.4009	33.78	47.32		
	塑料薄膜	m²	1.3040	0.60	0.78		
	水泥42.5	t	0.2969	230.00	68.29		
	其他材料费				—		—
	材料费小计				137.02		—

第四步：管理费和利润合价的确定。

（1）管理费和利润单价的确定

管理费和利润单价计算基数为人工费单价＋机械费单价，以某省取费标准为例，乘以相应费率，即可得到管理费和利润单价。

管理费＝直接费中（人工费＋机械费）×管理费费率

利润＝直接费中（人工费＋机械费）×利润率

管理费和利润单价＝（412.80＋152.85）×25％＝141.41元

（2）管理费和利润合价的确定

管理费和利润合价＝管理费和利润单价×数量

管理费和利润合价＝141.41×0.1＝14.41元

将以上信息填入表5-6管理费和利润栏内。

工程量清单综合单价分析表　　　　　　　　　　　表5-6

工程名称：幸福花园小区物业楼　　标段：　　　　　　第　页　共　页

项目编码	010401002001	项目名称		独立基础		计量单位			m³
清单综合单价组成明细									
定额编号	定额名称	定额单位	数量	单价				合价	
				人工费	材料费	机械费	管理费和利润	人工费	材料费	机械费	管理费和利润
A4-5换	现浇混凝土独立基础[C25][现浇混凝土（中砂碎石）C25—40]	10m³	0.100	412.80	1370.20	152.85	141.41	41.28	137.02	15.29	14.14
人工单价			小　计					41.28	137.02	15.29	14.14
40.00元/工日			未计价材料费								
清单项目综合单价											
材料费明细	主要材料名称、规格、型号		单位	数量	单价（元）	合价（元）	暂估单价（元）	暂估合价（元）			
	水		m³	1.1050	3.03	3.35					
	中砂		t	0.6868	25.16	17.28					
	碎石		t	1.4009	33.78	47.32					
	塑料薄膜		m²	1.3040	0.60	0.78					
	水泥42.5		t	0.2969	230.00	68.29					
	其他材料费				—	—					
	材料费小计				—	137.02	—				

第五步：计算综合单价。综合单价是相对各分项单价而言，是在分部分项清单工程量以及相对应的计价工程量项目的人工单价、材料单价、机械台班单价、管理费单价、利润单价基础上综合而成的。

综合单价=Σ（人工费合价+材料费合价+机械费合价+管理费和利润合价）

综合单价=41.28+137.02+15.29+14.14=207.73 元

将以上信息填入表 5-7 综合单价栏内。

工程量清单综合单价分析表　　　　　　　　　　　表 5-7

工程名称：幸福花园小区物业楼　　　标段：　　　　　　第 页 共 页

项目编码	010401002001	项目名称			独立基础			计量单位		m³	
清单综合单价组成明细											
定额编号	定额名称	定额单位	数量	单价				合价			
				人工费	材料费	机械费	管理费和利润	人工费	材料费	机械费	管理费和利润
A4-5 换	现浇混凝土独立基础[C25][现浇混凝土（中砂碎石）C25 40]	10m³	0.100	412.80	1370.20	152.85	141.41	41.28	137.02	15.29	14.14
人工单价				小　计				41.28	137.02	15.29	14.14
40.00 元/工日				未计价材料费								
清单项目综合单价								207.73			

材料费明细	主要材料名称、规格、型号	单位	数量	单价（元）	合价（元）	暂估单价（元）	暂估合价（元）
	水	m³	1.1050	3.03	3.35		
	中砂	t	0.6868	25.16	17.28		
	碎石	t	1.4009	33.78	47.32		
	塑料薄膜	m²	1.3040	0.60	0.78		
	水泥 42.5	t	0.2969	230.00	68.29		
	其他材料费			—		—	
	材料费小计			—	137.02	—	

工程量清单综合单价分析表填制完成，则清单列项与定额一致时的清单综合单价的计算完成。

2. 清单列项与定额列项不一致时，清单综合单价分析表的填写过程

第一步：填写工程名称、项目名称、项目编码、计量单位（清单）同前。

第二步：选择定额种类，并根据所采用定额套用定额，填写定额编号、定额名称、定额单位、数量（计价工程量）。

（1）选择定额种类

根据企业及工程实际情况选择定额种类。如选择某省土建预算定额及装饰预算定额作为清单组价依据。

某省土建预算定额摘录，见表5-8所列。

A.7.3.1 卷材防水 表5-8

工作内容：略 单位：100m²

定额编号				A7-176
项目名称				双面自粘防水卷材
基价（元）				5885.97
其中	人工费（元）			84.00
	材料费（元）			5801.97
	机械费（元）			—
	名称	单位	单价（元）	数量
人工	综合用工二类	工日	40	2.100
材料	BAC双面自粘防水卷材3mm	m²	46.00	126.000
	石油液化气	kg	5.60	0.530
	其他材料费	元	1.00	3.000

某省装饰预算定额摘录，见表5-9所列。

B.1.2 找平层 表5-9

工作内容：略 单位：100m²

定额编号				B1-296
项目名称				水泥砂浆
				平面
基价（元）				669.02
其中	人工费（元）			314.00
	材料费（元）			331.01
	机械费（元）			24.01
	名称	单位	单价（元）	数量
人工	综合用工二类	工日	40	7.850
材料	水泥砂浆1:3（中砂）	m³	—	2.530
	水泥	t	220.00	1.022
	中砂	t	25.16	4.056
	水	m³	3.03	1.359
机械	灰浆搅拌机200L	台班	75.03	0.320

（2）套用定额

通过套用定额，确定定额编号和定额名称、定额单位。当清单项目的工程内容与定额项目的工程内容和项目特征不完全一致时，清单项目的一项包含定额的几项时，需按清单项目的工程内容分别套用不同的定额项目，并确定主项，其余为附项。这种情况就要套用多项定额。

如某工程地面防水，清单列项只列地面卷材防水一项，而根据某省定额知，按定额列项需列地面双面自粘防水卷材3mm厚和水泥砂浆找平层（平面）20mm

两项，其中地面双面自粘防水卷材 3mm 厚为主项，水泥砂浆找平层（平面）20mm 为附项。

1) 定额编号：A7-176
定额名称：地面双面自粘防水卷材 3mm 厚
定额单位：100m²
2) 定额编号：B1-29
定额名称：水泥砂浆找平层（平面）20mm
定额单位：100m²

（3）定额单位填写

定额单位填写应与所选定额相应分项工程的项目表一致。如找平层的定额单位为 100m²。

（4）计算数量

清单综合单价分析表中的主项数量计算与前述第一种情况相同。

清单综合单价分析表中的附项数量计算为：

$$附项数量＝附项工程量/主项工程量/定额单位$$

例如，水泥砂浆找平层（平面）20mm 数量＝3.77/4.01/100＝0.009（具体工程量计算参见系列教材《工程量的计算》）。

将以上信息填入表 5-10 定额编号、定额名称、定额单位、数量栏内。

工程量清单综合单价分析表　　　　表 5-10

工程名称：幸福花园小区物业楼　　　标段：　　　　第　页　共　页

项目编码	010702001001	项目名称		地面卷材防水			计量单位			m²
清单综合单价组成明细										
定额编号	定额名称	定额单位	数量	单价				合价		
				人工费	材料费	机械费	管理费和利润	人工费	材料费	机械费	管理费和利润
A7-176	双面自粘防水卷材 3mm 厚	100m²	0.010								
[82] B1-29	水泥砂浆找平层（平面）20mm	100m²	0.009								
人工单价		小　计									
40.00元/工日		未计价材料费									
清单项目综合单价											
材料费明细	主要材料名称、规格、型号			单位		数量		单价（元）	合价（元）	暂估单价（元）	暂估合价（元）
	BAC 双面自粘防水卷材 3mm										
	石油液化气										
	其他材料费										
	水										
	水泥 42.5										
	其他材料费								—		—
	材料费小计								—		—

第三步：计算出人材机合价

（1）计算人工费单价、材料费单价、机械台班费单价

1）根据所选用定额分别确定人工、材料、机械台班的消耗量，并将材料消耗量填入表格。材料消耗量填写时又分两种情况：

①主项、附项材料没有重复时，将主项、附项材料消耗量根据所选用定额分别填入材料费明细栏内。

BAC 双面自粘防水卷材 3mm：1.2602m²

石油液化气：0.0053kg

其他材料费：0.0300 元

水：0.0128m³

水泥42.5：0.0096t

②材料在主项、附项都有发生时，要通过换算计算出材料消耗量。

2）根据前面求出的人工、材料、机械台班的单价，利用公式计算出人工费单价、材料费单价、机械台班单价。计算方法同前述第一种情况。

将以上信息填入表 5-11。

（2）合价的计算

计算方法同前述方法。

将以上信息填入表 5-11 材料消耗量、人工费单价、材料费单价、机械台班费单价、合价栏内。

工程量清单综合单价分析表 表 5-11

工程名称：幸福花园小区物业楼　　　标段：　　　　　第 页 共 页

项目编码	010702001001	项目名称		地面卷材防水			计量单位			m³
清单综合单价组成明细										
定额编号	定额名称	定额单位	数量	单价				合价		
				人工费	材料费	机械费	管理费和利润	人工费	材料费	机械费	管理费和利润
A7-176	双面自粘防水卷材3mm厚	100m²	0.010	84.00	5801.97			0.84	58.03		
[82]B1-29	水泥砂浆找平层（平）20mm	100m²	0.009	314.00	331.01	24.01		1.74	5.10		
人工单价			小　　计					5.53	66.24	0.23	
40.00元/工日			未计价材料费								
清单项目综合单价										
材料费明细	主要材料名称、规格、型号		单位	数量	单价（元）	合价（元）	暂估单价（元）	暂估合价（元）		
	BAC双面自粘防水卷材3mm		m²	1.2602	46.00	57.97				
	石油液化气		kg	0.0053	5.60	0.03				
	其他材料费		元	0.0300	1.00	0.03				
	水		m³	0.0128	3.03	5.10				
	水泥42.5		t	0.0096	220.00	0.04				
	其他材料费					—		—		
	材料费小计					66.24		—		

第四步、第五步：管理费和利润单价、综合单价的确定同前（表5-12）。

工程量清单综合单价分析表　　　　表5-12

工程名称：幸福花园小区物业楼　　　标段：　　　第 页 共 页

项目编码	010702001001	项目名称			地面卷材防水		计量单位			m²
清单综合单价组成明细										
定额编号	定额名称	定额单位	数量	单价				合价		
				人工费	材料费	机械费	管理费和利润	人工费	材料费	机械费	管理费和利润
A7-176	双面自粘防水卷材 3mm 厚	100m²	0.010	84.00	5801.97		21.00	0.84	58.03		57.97
[82] B1-29	水泥砂浆找平层（平面）20mm	100m²	0.009	314.00	331.01	24.01	43.50	1.74	5.10		0.03
人工单价			小　计					5.53	66.24	0.23	1.66
40.00元/工日			未计价材料费								
清单项目综合单价								73.66			

材料费明细	主要材料名称、规格、型号	单位	数量	单价（元）	合价（元）	暂估单价（元）	暂估合价（元）
	BAC双面自粘防水卷材 3mm	m²	1.2602	46.00	57.97		
	石油液化气	kg	0.0053	5.60	0.03		
	其他材料费	元	0.0300	1.00	0.03		
	水	m³	0.0128	3.03	5.10		
	水泥 42.5	t	0.0096	220.00	0.04		
	其他材料费				—		
	材料费小计			—	66.24		—

过程 5.2　工程量清单计价

5.2.1　分部分项工程量清单计价

分部分项工程量清单计价应采用综合单价计价，分部分项工程费应根据有关规定及要求，按5.1所述求出综合单价，再用综合单价乘以工程量得出。《建设工程工程量清单计价规范》GB 50500—2008将分部分项工程量清单表与分项工程量清单计价表两表合一，将工程量清单与综合单价统一在同一个表格，以期与国际接轨。此表是编制投标价、招标控制价、竣工结算的最基本用表。此表的填写过程就是分部分项工程费的计算过程。

5.2.2 分部分项工程量清单与计价表的填写

第一步：填写工程名称、项目名称、项目编码、计量单位（清单）。填写清单工程量及综合单价。工程名称、项目名称、项目编码的填写详见 5.1.3，计量单位填写清单规范规定的计量单位。清单工程量通过清单消耗量表获得，详见系列教材之《工程量的计算》；综合单价由综合单价分析表获得。项目特征栏应按清单附录规定，根据拟建工程具体情况填写。过程略，详见表 5-13 所列。

分部分项工程量清单与计价表　　　　　　　表 5-13

工程名称：幸福花园小区物业楼　　　标段：　　　　　　第 页 共 页

序号	项目编码	项目名称	项目特征描述	计量单位	工程量	金额（元）		
						综合单价	合价	其中：暂估价
			A.3 砌筑工程					
4	010301001001	砖基础	M5.0 水泥砂浆砌条形基础，标准砖	m³	55.020	184.34		
5	010304001001	砌块墙	M5.0 水泥石灰砂浆砌块墙，标准	m³	318.900	216.38		
			（其他略）					
			分部小计					
			A.4 混凝土及钢筋混凝土工程					
6	010401002001	独立基础		m³	99.810	252.45		
7	010402001001	矩形柱		m³	78.530	254.54		
			本页小计					
			合计					

第二步：填写合价及表格其他内容

合价＝工程量×综合单价

如　砖基础合价＝55.02×184.34＝10142.39 元

其他分项工程合价与此同理。

分部小计＝Σ各分项工程合价

砌筑工程分部小计＝10142.39＋69003.58＝79145.97 元

将以上信息填入表 5-14。

分部分项工程量清单与计价表   表 5-14

工程名称：幸福花园小区物业楼　　　　　　标段：　　　　第 页 共 页

序号	项目编码	项目名称	项目特征描述	计量单位	工程量	金额（元）		其中：暂估价
						综合单价	合价	
			A.3 砌筑工程					
4	010301001001	砖基础	M5.0 水泥砂浆砌条形基础，标准砖	m³	55.020	184.34	10142.39	
5	010304001001	砌块墙	M5.0 水泥石灰砂浆砌块墙，标准	m³	318.900	216.38	69003.58	
			（其他略）					
			分部小计		373.92	400.72	79145.97	
			A.4 混凝土及钢筋混凝土工程					
			（其他略）					
			分部小计		435.58	2727.68	211146.7	
			本页小计				290292.67	
			合计				290292.67	

第三步：汇总，计算出工程量清单列出的各分部分项清单工程量所需费用。

分部分项工程费＝Σ各分部分项清单工程量所需费用

按以上步骤计算，幸福花园小区物业楼分部分项工程费为 2029372.13 元。

5.2.3 措施项目清单计价

1. 概述

措施项目清单应根据拟建工程的实际情况列项，专业工程的措施项目可按清单附录中规定的项目选择列项。若出现本规范未列的项目，可根据工程实际情况补充。措施项目清单计价根据拟建工程的施工组织设计，可以计算工程量的宜采用分部分项工程量清单的方式采用综合单价计价，不能计算工程量的项目清单，采用以"项"为计量单位的方式计价。应包括除规费、税金外的全部费用。措施项目清单计价表的填写过程即为措施项目费的计算过程。

2. 措施项目清单计价表的填写

（1）以"项"计价的措施项目，按表 5-15 的格式填写。

措施项目清单与计价表　　　　　　　　　　　　　表 5-15

工程名称：　　　　　　　标段：　　　　　　　　　　第 1 页　共 1 页

序号	项目名称	计算基础	费率（%）	金额（元）
1	安全文明施工			
2	夜间施工			
3	二次搬运			
4	冬雨季施工			
5	大型机械设备进出场及安拆			
6	施工排水			
7	施工降水			
8	地上、地下设施，建筑物的临时保护设施			
9	已完工程及设备保护			
10	混凝土、钢筋混凝土模板及支架			
11	脚手架			
12	垂直运输机械			
13	生产工具用具使用费			
14	检验试验配合费			
15	工程定位复测场地清理费			
16	临时停水停电费			
17	施工与生产同时进行增加费			
18	有害环境中施工降效增加费			
	合　计			

第一步：根据《建筑安装费用组成》，确定计算基础及取费费率（详见任务 4）。将相关信息填入表 5-16。

措施项目清单与计价表　　　　　　　　　　　　　表 5-16

工程名称：幸福花园小区物业楼　　　　标段：　　　　　　第 1 页　共 1 页

序号	项目名称	计算基础	费率（%）	金额（元）
1	安全文明施工	人工费+机械费	10.900	
2	夜间施工	人工费+机械费	1.010	
3	二次搬运			
4	冬雨季施工	人工费+机械费	2.840	
5	大型机械设备进出场及安拆			
6	施工排水			
7	施工降水			
8	地上、地下设施，建筑物的临时保护设施			
9	已完工程及设备保护	人工费+机械费	0.970	
10	混凝土、钢筋混凝土模板及支架			
11	脚手架			

续表

序号	项目名称	计算基础	费率（%）	金额（元）
12	垂直运输机械			
13	生产工具用具使用费			
14	检验试验配合费			
15	工程定位复测场地清理费			
16	临时停水停电费			
17	施工与生产同时进行增加费			
18	有害环境中施工降效增加费			
	合 计			

第二步：计算各项措施费金额。

$$措施费 = （人工费 + 机械费） \times 费率$$

如，安全文明施工 = 839920.37 × 10.9% = 91551.32 元

其他措施费计算与安全文明施工同理。

$$措施费 = \Sigma（人工费 + 机械费） \times 费率$$

将以上信息填入表 5-17 相应栏内。

措施项目清单与计价表　　　表 5-17

工程名称：幸福花园小区物业楼　　标段：　　第 1 页 共 1 页

序号	项目名称	计算基础	费率（%）	金额（元）
1	安全文明施工	人工费+机械费	10.900	91551.32
2	夜间施工	人工费+机械费	1.010	9349.60
3	二次搬运			
4	冬雨季施工	人工费+机械费	2.840	12324.43
5	大型机械设备进出场及安拆			
6	施工排水			
7	施工降水			
8	地上、地下设施，建筑物的临时保护设施			
9	已完工程及设备保护	人工费+机械费	0.970	1775.63
10	混凝土、钢筋混凝土模板及支架			
11	脚手架			
12	垂直运输机械			
13	生产工具用具使用费			
14	检验试验配合费			
15	工程定位复测场地清理费			
16	临时停水停电费			
17	施工与生产同时进行增加费	人工费+机械费		
18	有害环境中施工降效增加费	人工费+机械费		
	合 计			32604.98

（2）能计算工程量的措施项目，仍以综合单价的形式计算，按措施项目清单与计价表的格式填写。填写方式与分部分项清单与计价表相同。详见表 5-18 所列。

措施项目清单与计价表　　　　　　　　　　表 5-18

工程名称：　　　　　　　标段：　　　　　　　第　页　共　页

序号	项目编码	项目名称	项目特征描述	计量单位	工程量	金额（元）	
						综合单价	合价
				本页小计			
				合　计			

如现浇钢筋混凝土平板模板及支架项目，支模高度为 3m，矩形板，工程量为 4.21，综合单价为 3229.51 元，将以上信息填入表 5-19。

措施项目清单与计价表　　　　　　　　　　表 5-19

工程名称：幸福花园小区物业楼　　　标段：　　　　　　　第　页　共　页

序号	项目编码	项目名称	项目特征描述	计量单位	工程量	金额（元）	
						综合单价	合价
1	AB001	现浇钢筋混凝土平板模板及支架	矩形板，支模高度3m		4.21	3229.51	13596.24
		（其他略）					
				本页小计			
				合　计			

按以上步骤计算幸福花园小区物业楼措施项目费为 330886.38 元。

5.2.4 其他项目清单计价

1. 其他项目清单计价表组成

其他项目清单计价表由其他项目清单与计价汇总表、暂列金额明细表、材料暂估单价表、专业工程暂估价表、计日工表、总承包服务费计价表、索赔与现场签证计价汇总表、费用索赔申请表、现场签证表九种组成。在不同的计价阶段使用不同的表格。如在招标控制价和投标报价阶段不使用索赔与现场签证计价汇总表、费用索赔申请表、现场签证表，仅在竣工结算阶段使用。

2. 其他项目清单与计价汇总表的填写（表 5-20）

（1）编制工程量清单，应汇总"暂列金额"和"专业工程暂估价"，以提供给投标人报价。

（2）编制招标控制价，应按有关计价规定估算"计日工"和"总承包服务费"。如工程量清单中未列"暂列金额"和"专业工程暂估价"，应按有关规定编制（表 5-21，表 5-22）。

（3）编制投标报价，应按招标文件工程量清单提供的"暂列金额"和"专业工程暂估价"填写金额，不得变动。"计日工"和"总承包服务费"自主确定报价。

（4）编制或核对竣工结算，"专业工程暂估价"按实际分包结算价填写，"计日工"、"总承包服务费"按双方认可的费用填写，如发生"索赔"或"现场签证"费用按双方认可的金额计入该表。

其他项目清单与计价汇总表　　　　　　　　　　表 5-20

工程名称：幸福花园小区物业楼　　　　标段：　　　　第　页　共　页

序号	项目名称	计量单位	金额（元）	备注
1	暂列金额	项		明细表见表 5-21
2	暂估价			
2.1	材料暂估价			
2.2	专业工程暂估价	项		明细表见表 5-22
3	计日工			
4	总承包服务费			
	合　计			—

3. 暂列金额明细表的填写

此表所列费用在实际履约过程中可能发生，也可能不发生。如清单编制人员错算、漏算引起的工程量增加，设计变更引起的工程量增加，索赔增加的费用等。本表要求招标人能将暂列金额与拟用项目列出明细，但如确实不能详列也可只列暂定金额总额，一般按分部分项工程量清单费用的 10%～15% 作为参考，投标人应将上述暂列金额计入投标总价中。

暂列金额明细表 表 5-21

工程名称：幸福花园小区物业楼　　　　标段：　　　　　　第 页 共 页

序号	项目名称	计量单位	暂定金额（元）	备注
1	室外钢爬梯	项	10000	
	合计		10000	—

专业工程暂估价表 表 5-22

工程名称：幸福花园小区物业楼　　　　标段：　　　　　　第 页 共 页

序号	工程名称	工程内容	金额（元）	备注
11	消防工程	安装	50000	
	合计		50000	—

按以上步骤计算，幸福花园小区物业楼其他项目费为 10000＋50000＝60000 元。

5.2.5 规费、税金的计取

规费、税金的计取仍然通过填写规费、税金项目清单与计价表的形式讲解，规费、税金项目清单与计价表见表 5-23 所列。

规费、税金项目清单与计价表 表 5-23

工程名称：　　　　　　　　标段：　　　　　　第 页 共 页

序号	项目名称	计算基础	费率（％）	金额（元）
1	规费			
1.1	养老保险费			
1.2	医疗保险费			
1.3	失业保险费			
1.4	生育保险费			
1.5	住房公积金			
1.6	工伤保险费			
1.7	危险作业意外伤害保险			
1.8	工程排污费			
1.9	工程定额测定费			
1.10	河道工程修建维护管理费			
1.11	职工教育经费			
2	税金			
	合计			

注：定额测定费停收，依据为《财政部、国家发展和改革委员会〈关于公布取消和停止征收 100 项行政事业性收费项目的通知〉》（财综［2008］78 号）

1. 规费的计取

根据原建设部、财政部颁发的《建筑安装费用组成》的规定,"计算基础"可为"直接费"、"人工费"、"人工费+机械费"。我们以"人工费+机械费"为计算基础,参考某省费率标准,填入表5-24。

2. 税金的计取

我们以"分部分项工程费+措施项目费+其他项目费+规费"为计算基础,根据工程所在地确定税率,填入表5-24。

规费、税金项目清单与计价表　　　　　　　　　表5-24

工程名称:幸福花园小区物业楼　　　标段:　　　第　页　共　页

序号	项目名称	计算基础	费率(%)	金额(元)
1	规费	人工费+机械费	16.6	99281.54
1.1	养老保险费			
1.2	医疗保险费			
1.3	失业保险费			
1.4	生育保险费			
1.5	住房公积金			
1.6	工伤保险费			
1.7	危险作业意外伤害保险			
1.8	工程排污费			
1.9	工程定额测定费			
1.10	河道工程修建维护管理费			
1.11	职工教育经费			
2	税金	分部分项工程费+措施项目费+其他项目费+规费	3.450	84854.13
	合　计			184135.67

5.2.6 工程造价

工程造价=分部分项工程费+措施项目费+其他项目费+规费+税金

由本章前述内容可知,清单模式下工程造价为:

2029372.13+330886.38+60000+99281.54+84854.13=2604394.18元

见表5-25所列。

单位工程投标报价汇总表　　　　　　　　表 5-25

工程名称：幸福花园小区物业楼　　　标段：　　　　第 页 共 页

序号	项目名称	金额（元）	其中：暂估价（元）
1	分部分项工程	2029372.13	
2	措施项目	330886.38	
2.1	安全文明施工费	91551.32	
3	其他项目清单	60000	
3.1	暂列金额	10000	
3.2	专业工程暂估价	50000	
3.3	计日工		
3.4	总承包服务费		
4	规费	99281.54	
5	税金	84854.13	
	投标报价＝1+2+3+4+5	2604394.18	

复习思考题

1. 什么是工程量清单？
2. 简述投标报价应该填制哪些表格。
3. 清单综合单价的编制方法有几种？
4. 其他项目费包括哪些内容？

项目实训 3　投标报价的编制

投 标 总 价

招 标 人：_____

工 程 名 称：幸福花园小区物业楼_____

投标总价（小写）：2604394.18 元_____

　　　　（大写）：贰佰陆拾万肆仟叁佰玖拾肆元壹角捌分_____

投 标 人：_____
　　　　　　　　　　　（单位盖章）

法 定 代 表 人
或 其 授 权 人：_____
　　　　　　　　　　　（签字或盖章）

编 制 人：_____
　　　　　　　　　（造价人员签字盖专用章）

编 制 时 间：_____

总 说 明

工程名称：幸福花园小区物业楼

（1）工程概况：本工程为框架结构，独立柱基，局部条基，地上 3 层，建筑面积 1203.3m²。

（2）投标报价范围：为本次招标施工图范围内的土建及装饰工程。

（3）投标报价编制依据：

1）招标文件及其所提供的工程量清单和有关报价要求，招标文件的补充通知和答疑纪要。

2）物业楼施工图及投标施工组织设计。

3）有关的技术标准、规范和安全管理规定等。

4）省建设主管部门颁发的计价定额和计价管理办法和相关计价文件。

5）材料价格根据本公司掌握的价格情况并参照工程所在地工程造价信息。

单位工程投标报价汇总表

工程名称：幸福花园小区物业楼　　　　标段：　　　　第　页 共　页

序号	项 目 名 称	金额（元）	其中：暂估价（元）
1	分部分项工程	2029372.13	
2	措施项目	330886.38	
2.1	安全文明施工费	91551.32	
3	其他项目清单		
3.1	暂列金额	10000	
3.2	专业工程暂估价	50000	
3.3	计日工		
3.4	总承包服务费		
4	规费	99281.54	
5	税金	84854.13	
	投标报价合计＝1＋2＋3＋4＋5	2604394.18	

分部分项工程量清单与计价表（部分）

工程名称：幸福花园小区物业楼　　　　　标段：　　　　　　　第　页　共　页

序号	项目编码	项目名称	项目特征描述	计量单位	工程量	金额（元）		其中：暂估价
						综合单价	合价	
1	010101001001	平整场地		m²	401.100	0.98	393.08	
2	010101003001	挖基础土方		m³	580.470	18.54	10761.91	
3	010103001001	土（石）方回填		m³	518.990	11.11	5765.98	
4	010301001001	砖基础		m³	55.020	184.34	10142.39	
5	010302006001	零星砌砖		m³	5.300	705.82	3740.85	
6	010304001001	空心砖墙、砌块墙		m³	318.900	216.38	69003.58	
7	010401001001	带形基础		m³	14.430	267.56	3860.89	
8	010401002001	独立基础		m³	99.810	252.45	25197.03	
9	010402001001	矩形柱		m³	78.530	254.54	19989.03	
10	010403002001	矩形梁		m³	144.820	222.72	32254.31	
11	010403003001	异形梁		m³	16.560	226.62	3752.83	
12	010403004001	圈梁		m³	3.060	260.55	797.28	
13	010403005001	过梁		m³	9.440	158.09	1492.37	
14	010405001001	有梁板		m³	104.460	220.00	22981.20	
15	010405008001	雨篷、阳台板		m³	2.180	468.33	1020.96	
16	010406001001	直形楼梯		m²	34.720	664.38	23067.27	
17	010407002001	散水、坡道		m²	80.360	66.93	5378.49	
18	010702001001	屋面卷材防水		m²	400.850	73.66	29526.61	
19	010703002001	涂膜防水		m²	92.900	53.45	4965.51	
20	010803001001	保温隔热屋面		m²	377.000	24.63	9285.51	
21	020101001001	水泥砂浆楼地面		m²	335.560	26.67	8949.39	
22	020102002001	块料楼地面		m²	769.630	81.16	62463.17	
23	020105003001	块料踢脚线		m²	125.000	6181.33	772666.25	
24	020107002001	硬木扶手带栏杆、栏板		m	19.200	114.62	2200.70	
25	020201001001	墙面一般抹灰		m²	3577.700	10.65	38102.51	
26	020202001001	柱面一般抹灰		m²	57.270	16.17	926.06	
27	020204003001	块料墙面		m²	350.180	70.35	24635.16	
28	020208001001	柱（梁）面装饰		m²	60.740	42.37	2573.55	
29	020301001001	天棚抹灰		m²	1244.010	15.21	18921.39	
30	020401004001	胶合板门		樘	34.000	21768.00	740112.00	
31	020402005001	塑钢门		樘	6.000	1691.72	10150.32	
		本页小计					1965077.58	
		合　计					2029372.13	
32	020406007001	塑钢窗		樘	62.000	826.43	51238.66	
33	020507001001	刷喷涂料		m²	985.350	13.25	13055.89	
		本页小计					64294.55	
		合　计					2029372.13	

工程量清单综合单价分析表（部分）

工程名称：幸福花园小区物业楼　　　　　　　　标段：　　　　　第 页 共 页

项目编码	010101003001	项目名称			挖基础土方		计量单位	m^3
清单综合单价组成明细									

定额编号	定额名称	定额单位	数量	单价			合价		
				人工费	材料费	机械费	管理费和利润	人工费	材料费	机械费	管理费和利润
A1-1	人工挖土方一、二类土深度（2m以内）	100m^3	0.013	716.10			50.12	9.25			0.65
A1-41	原土打夯	100m^2	0.009	41.10		13.16	3.80	0.35		0.11	0.03
A1-96	人工运土方运距20m以内	100m^3	0.013	590.10			41.30	7.62			0.53
人工单价			小　计				17.21		0.11	1.21
30.00元/工日			未计价材料费							
清单项目综合单价									18.54		

	主要材料名称、规格、型号	单位	数量	单价（元）	合价（元）	暂估单价（元）	暂估合价（元）
材料费明细							
	其他材料费			—		—	
	材料费小计			—		—	

110

工程量清单综合单价分析表

工程名称：幸福花园小区物业楼　　　　　　　标段：　　　　第　页　共　页

项目编码	010103001001	项目名称	土（石）方回填	计量单位	m³

清单综合单价组成明细

定额编号	定额名称	定额单位	数量	单价				合价			
				人工费	材料费	机械费	管理费和利润	人工费	材料费	机械费	管理费和利润
A1-44	回填土，夯填	100m³	0.010	850.50		187.53	72.66	8.51		1.88	0.73
人工单价			小计					8.51		1.88	0.73
30.00元/工日			未计价材料费								
清单项目综合单价								11.11			

材料费明细	主要材料名称、规格、型号	单位	数量	单价（元）	合价（元）	暂估单价（元）	暂估合价（元）
	其他材料费			—		—	
	材料费小计			—		—	

工程量清单综合单价分析表

工程名称：幸福花园小区物业楼　　　　　　　　标段：　　　　　第　页　共　页

项目编码	010301001001	项目名称		砖基础		计量单位		m³	

清单综合单价组成明细

定额编号	定额名称	定额单位	数量	单价				合价			
				人工费	材料费	机械费	管理费和利润	人工费	材料费	机械费	管理费和利润
A3-1	砌砖基础	10m³	0.100	438.40	1258.81	29.26	116.91	43.84	125.88	2.93	11.69
人工单价			小　计					43.84	125.88	2.93	11.69
40.00元/工日			未计价材料费								
清单项目综合单价								184.34			

	主要材料名称、规格、型号	单位	数量	单价（元）	合价（元）	暂估单价（元）	暂估合价（元）
材料费明细	水泥 32.5	t	0.0505	220.00	11.11		
	中砂	t	0.3783	25.16	9.52		
	水	m³	0.1760	3.03	0.53		
	标准砖 240×115×53	千块	0.5236	200.00	104.72		
	其他材料费	—			—		
	材料费小计	—			125.88		

工程量清单综合单价分析表

工程名称：幸福花园小区物业楼　　　　　　标段：　　　　　　第　页　共　页

项目编码	010401001001	项目名称	带形基础	计量单位	m³

清单综合单价组成明细

定额编号	定额名称	定额单位	数量	单价				合价			
				人工费	材料费	机械费	管理费和利润	人工费	材料费	机械费	管理费和利润
A4-3换	现浇钢筋混凝土带形基础[C25][现浇混凝土（中砂碎石）C25-40]	10m³	0.100	374.40	1368.06	152.85	131.81	37.44	136.81	15.28	13.18
人工单价			小　计					37.44	136.81	15.28	13.18
40.00元/工日			未计价材料费								
			清单项目综合单价					202.71			

材料费明细	主要材料名称、规格、型号	单位	数量	单价（元）	合价（元）	暂估单价（元）	暂估合价（元）
	水	m³	1.0930	3.03	3.31		
	中砂	t	0.6868	25.16	17.28		
	碎石	t	1.4009	33.78	47.32		
	塑料薄膜	m²	1.0080	0.60	0.60		
	水泥42.5	t	0.2969	230.00	68.29		
	其他材料费			—	—		
	材料费小计			—	136.81	—	

工程量清单综合单价分析表

工程名称：幸福花园小区物业楼　　　　标段：　　　　第　页 共　页

项目编码	010401006001	项目名称		垫层		计量单位		m³

清单综合单价组成明细

定额编号	定额名称	定额单位	数量	单价				合价			
				人工费	材料费	机械费	管理费和利润	人工费	材料费	机械费	管理费和利润
[82]B1-24换	混凝土垫层[现浇混凝土（中砂碎石）C10-40]	10m³	0.100	463.68	1134.85	68.28	170.23	46.37	113.49	6.83	17.02
人工单价		小　计						46.37	113.49	6.83	17.02
30.00元/工日		未计价材料费									
清单项目综合单价								183.70			

	主要材料名称、规格、型号	单位	数量	单价（元）	合价（元）	暂估单价（元）	暂估合价（元）
材料费明细	水	m³	0.6820	3.03	2.07		
	水泥32.5	t	0.2040	220.00	44.88		
	中砂	t	0.8262	25.16	20.79		
	碎石	t	1.3544	33.78	45.75		
	其他材料费			—	—		
	材料费小计			—	113.49	—	

工程量清单综合单价分析表

工程名称：幸福花园小区物业楼　　　　标段：　　　　第　页　共　页

项目编码	010405008001	项目名称		雨篷、阳台板		计量单位		m³	

清单综合单价组成明细

定额编号	定额名称	定额单位	数量	单价				合价			
				人工费	材料费	机械费	管理费和利润	人工费	材料费	机械费	管理费和利润
A4-43换	现浇钢筋混凝土直形雨篷[C25]［现浇混凝土（中砂碎石）C25-20]	10m³	0.100	909.60	1474.36	131.65	260.31	90.96	147.44	13.17	26.03
A4-49换	现浇钢筋混凝土直形栏板[C25]［现浇混凝土（中砂碎石）C25-20]	10m³	0.072	873.20	1404.93	121.56	248.69	62.89	101.18	8.75	17.91
人工单价			小　计					153.84	248.61	21.92	43.94
40.00元/工日			未计价材料费								
清单项目综合单价								468.33			

	主要材料名称、规格、型号	单位	数量	单价（元）	合价（元）	暂估单价（元）	暂估合价（元）
材料费明细	水	m³	2.5618	3.03	7.76		
	中砂	t	1.2213	25.16	30.73		
	碎石	t	2.2784	33.78	76.97		
	塑料薄膜	m²	11.3613	0.60	6.82		
	水泥42.5	t	0.5493	230.00	126.34		
	其他材料费			—	0.00	—	
	材料费小计			—	248.61	—	

措施项目清单与计价表（一）

工程名称：幸福花园小区物业楼　　　　标段：　　　　　第　页　共　页

序号	项目名称	计算基础	费率（%）	金额（元）
1	安全文明施工	人工费＋机械费	10.900	91551.32
2	夜间施工	人工费＋机械费	1.010	9349.60
3	二次搬运			
4	冬雨季施工	人工费＋机械费	2.840	12324.43
5	大型机械设备进出场及安拆			
6	施工排水			
7	施工降水			
8	地上、地下设施，建筑物的临时保护设施			
9	已完工程及设备保护	人工费＋机械费	0.970	1775.63
10	混凝土、钢筋混凝土模板及支架			
11	脚手架			
12	垂直运输机械			
13	生产工具用具使用费			
14	检验试验配合费			
15	工程定位复测场地清理费			
16	临时停水停电费			
17	施工与生产同时进行增加费	人工费＋机械费		
18	有害环境中施工降效增加费	人工费＋机械费		
	合计			32604.98

措施项目清单与计价表（二）（部分）

工程名称：幸福花园小区物业楼　　　　标段：　　　　　第　页　共　页

序号	项目编码	项目名称	项目特征描述	计量单位	工程量	金额（元）	
						综合单价	合价
1	AB001	现浇钢筋混凝土平板模板及支架	矩形板，支模高度3m		4.21	3229.51	13596.24
2		（其他略）					
3							
4							
5							

其他项目清单与计价汇总表

工程名称：幸福花园小区物业楼　　　　标段：　　　　第 页 共 页

序号	项目名称	计量单位	金额（元）	备注
1	暂列金额	项		见明细表
2	暂估价			
2.1	材料暂估价			见明细表
2.2	专业工程暂估价	项		见明细表
3	计日工			
4	总承包服务费			
	合　计			—

暂列金额明细表

工程名称：幸福花园小区物业楼　　　　标段：　　　　第 页 共 页

序号	项目名称	计量单位	暂定金额（元）	备注
1	室外钢爬梯	项	10000	
	合　计		10000	—

暂估价是在招标阶段预见肯定要发生，只是因为标准不明确或者需要由专业承包人完成，暂时无法确定具体价格。暂估价数量和拟用项目应当在本表备注栏给予补充说明。此表由招标人填写。

材料暂估单价表

工程名称：幸福花园小区物业楼　　　　标段：　　　　第 页 共 页

序号	材料名称、规格、型号	单位	数量	单价（元）	合价（元）	备注
1						

专业工程暂估价表

工程名称：幸福花园小区物业楼　　　　标段：　　　　第 页 共 页

序号	工程名称	工程内容	金额（元）	备注
1	消防工程	安装	50000	
	合　计			—

规费、税金项目清单与计价表

工程名称：幸福花园小区物业楼　　　　　　标段：　　　　　　　第　页　共　页

序号	项　目　名　称	计算基础	费率（%）	金额（元）
1	规费	人工费＋机械费	100.000	99281.54
1.1	养老保险费		100.000	
1.2	医疗保险费		100.000	
1.3	失业保险费		100.000	
1.4	生育保险费		100.000	
1.5	住房公积金		100.000	
1.6	工伤保险费		100.000	
1.7	危险作业意外伤害保险		100.000	
1.8	工程排污费		100.000	
1.9	工程定额测定费		100.000	—
1.10	河道工程修建维护管理费		100.000	
1.11	职工教育经费		100.000	
2	税金	分部分项工程费＋措施项目费＋其他项目费＋规费	3.450	84854.13
	合　　　计			184135.67

参 考 文 献

[1] 袁建新. 工程量清单计价. 北京：中国建筑工业出版社，2010.
[2] 董学军. 建筑工程计量与计价. 大连：大连理工大学出版社，2009.
[3] 王军霞. 建筑工程计量与计价. 北京：机械工业出版社，2006.
[4] 袁建新. 建筑工程计量与计价. 北京：人民交通出版社，2007.
[5] 河北省造价站. 河北消耗量定额.

尊敬的读者：

感谢您选购我社图书！建工版图书按图书销售分类在卖场上架，共设22个一级分类及43个二级分类，根据图书销售分类选购建筑类图书会节省您的大量时间。现将建工版图书销售分类及与我社联系方式介绍给您，欢迎随时与我们联系。

★ 建工版图书销售分类表（见下表）。

★ 欢迎登陆中国建筑工业出版社网站www.cabp.com.cn，本网站为您提供建工版图书信息查询、网上留言、购书服务，并邀请您加入网上读者俱乐部。

★ 中国建筑工业出版社总编室　　　电　话：010—58337016　　传　真：010—68321361

★ 中国建筑工业出版社发行部　　　电　话：010—58337346　　传　真：010—68325420
　　　　　　　　　　　　　　　　E-mail：hbw@cabp.com.cn

建工版图书销售分类表

一级分类名称（代码）	二级分类名称（代码）	一级分类名称（代码）	二级分类名称（代码）
建筑学（A）	建筑历史与理论（A10）	园林景观（G）	园林史与园林景观理论（G10）
	建筑设计（A20）		园林景观规划与设计（G20）
	建筑技术（A30）		环境艺术设计（G30）
	建筑表现·建筑制图（A40）		园林景观施工（G40）
	建筑艺术（A50）		园林植物与应用（G50）
建筑设备·建筑材料（F）	暖通空调（F10）	城乡建设·市政工程·环境工程（B）	城镇与乡（村）建设（B10）
	建筑给水排水（F20）		道路桥梁工程（B20）
	建筑电气与建筑智能化技术（F30）		市政给水排水工程（B30）
	建筑节能·建筑防火（F40）		市政供热、供燃气工程（B40）
	建筑材料（F50）		环境工程（B50）
城市规划·城市设计（P）	城市史与城市规划理论（P10）	建筑结构与岩土工程（S）	建筑结构（S10）
	城市规划与城市设计（P20）		岩土工程（S20）
室内设计·装饰装修（D）	室内设计与表现（D10）	建筑施工·设备安装技术（C）	施工技术（C10）
	家具与装饰（D20）		设备安装技术（C20）
	装修材料与施工（D30）		工程质量与安全（C30）
建筑工程经济与管理（M）	施工管理（M10）	房地产开发管理（E）	房地产开发与经营（E10）
	工程管理（M20）		物业管理（E20）
	工程监理（M30）	辞典·连续出版物（Z）	辞典（Z10）
	工程经济与造价（M40）		连续出版物（Z20）
艺术·设计（K）	艺术（K10）	旅游·其他（Q）	旅游（Q10）
	工业设计（K20）		其他（Q20）
	平面设计（K30）	土木建筑计算机应用系列（J）	
执业资格考试用书（R）		法律法规与标准规范单行本（T）	
高校教材（V）		法律法规与标准规范汇编/大全（U）	
高职高专教材（X）		培训教材（Y）	
中职中专教材（W）		电子出版物（H）	

注：建工版图书销售分类已标注于图书封底。